吐鲁番盆地地下水功能特征及控制性水位研究

唐蕴 商佐 袁月 等 著

中国水利水电出版社
www.waterpub.com.cn

·北京·

内 容 提 要

本书在对国内外有关地下水功能评价和地下水位指标研究成果分析总结的基础上，系统研究了吐鲁番盆地地下水位动态特征及影响因素、吐鲁番盆地绿洲湿地演变规律。基于地下水资源功能、生态功能、地质环境功能特征，对吐鲁番盆地地下水功能进行评价和功能区划分。根据吐鲁番盆地地下水超采治理方案，研究提出吐鲁番盆地不同阶段控制性地下水位指标。

本书可供与地下水保护与管理工作相关的科研人员、技术人员、管理者及学生参考使用。

图书在版编目（CIP）数据

吐鲁番盆地地下水功能特征及控制性水位研究 / 唐蕴等著. -- 北京：中国水利水电出版社，2022.10
ISBN 978-7-5226-1045-0

Ⅰ. ①吐… Ⅱ. ①唐… Ⅲ. ①吐鲁番盆地—地下水资源—研究 Ⅳ. ①P641.8

中国版本图书馆CIP数据核字（2022）第188551号

书　名	吐鲁番盆地地下水功能特征及控制性水位研究 TULUFAN PENDI DIXIASHUI GONGNENG TEZHENG JI KONGZHIXING SHUIWEI YANJIU	
作　者	唐蕴　商佐　袁月　等著	
出版发行	中国水利水电出版社 （北京市海淀区玉渊潭南路1号D座　100038） 网址：www. waterpub. com. cn E - mail：sales@ mwr. gov. cn 电话：（010）68545888（营销中心）	
经　售	北京科水图书销售有限公司 电话：（010）68545874、63202643 全国各地新华书店和相关出版物销售网点	
排　版	中国水利水电出版社微机排版中心	
印　刷	清淞永业（天津）印刷有限公司	
规　格	184mm×260mm　16开本　9.25印张　214千字	
版　次	2022年10月第1版　2022年10月第1次印刷	
定　价	**52.00元**	

前　言

　　新疆吐鲁番盆地地处我国西北内陆干旱地区，降水稀少，蒸发强烈，年均降水量只有 16mm，而年均蒸发量在 2000mm 以上。由于吐鲁番盆地平原区地表径流很少，地下水成为本地区的主要供水水源，同时也是维系本地区生态与环境的基本要素。近年由于地下水的过度开采，导致地下水水位急剧下降，许多区域的地下水资源开发利用程度已经超过其承载能力，从而引发了部分坎儿井和泉水的枯竭，在鄯善县和高昌区的大部分井灌区出现了地下水严重超采区。为充分发挥地下水的多种功能，合理开发利用和保护地下水资源，加强地下水管理是十分必要和紧迫的。

　　水资源属国家所有，具有多种功能，资源使用的合理分配和保护事关社会公平与公共安全。根据地下水的资源与环境属性，经济社会发展和生态与环境保护对地下水的要求，统筹考虑水资源的合理配置和公共资源的使用和保护准则，合理划分地下水功能区，协调地下水不同使用功能之间的关系，既是政府对公共资源宏观部署的具体体现，也是政府行使公共管理和社会服务职能的重要基础，同时是全面贯彻落实《中华人民共和国水法》、履行水利部行政职责和促进经济社会可持续发展的需要。

　　地下水赋存于地质介质中，具有运动缓慢、补给周期长、循环更新慢、自我修复能力差、地下水系统遭到破坏后治理和修复难度大等特点，须采取严格的措施积极主动地保护。以区域地下水主导功能划分地下水功能区，确定各地下水功能区的开发利用和保护目标并制定相应的管理标准，以保障供水安全、生态与环境安全和地下水资源的可持续利用，为地下水合理开发、保护、治理与管理提供科学依据。

　　为此，科技部于 2017 年在"十三五"国家重点研发计划"水资源高效开发利用专项"中批准了"我国西部特殊地貌区地下水开发利用与生态功能保护（2017YFC0406100）"项目立项。本书是在该项目课题二"艾丁湖流域地下水合理开发及生态功能保护研究与示范（2017YFC0406102）"专题一"艾丁湖流域地下水的资源供给功能和生态维持功能区域特征调查"研究成果基础上进行总结和凝练而成的。全书分为8章。第1章概述了立题研究背景、国内外研究现状、研究目标与内容；第2章介绍了吐鲁番盆地的自然地理、社会经济、水文地质和水资源开发利用状况；第3章分析了吐鲁番盆地天然绿洲、人工绿洲、艾丁湖流域尾闾湿地的演变特征；第4章分析了吐鲁番盆地地下水位动态特征及降水量、开采量、河道渗漏量、灌溉入渗补给量等因素对地下水位动态的影响；第5章对吐鲁番盆地地下水的资源功能和生态功能进行评价；第6章在地下水功能评价基础上对吐鲁番盆地进行地下水功能区划分，并对各功能区提出管控要求；第7章根据吐鲁番盆地地下水超采治理目标，研究提出分阶段地下水位控制指标；第8章对研究成果的创新性进行总结。

本书第1章由唐蕴、张莉莉、王丹撰写，第2章由唐蕴、袁月、商佐撰写，第3章由袁月、王丹、张莉莉、唐蕴撰写，第4章由商佐、唐蕴撰写，第5章由袁月、唐蕴撰写，第6章由唐蕴、杨文佳、孙琳杰、高爽撰写，第7章由商佐、唐蕴撰写，第8章由唐蕴、商佐、袁月撰写。全书由唐蕴统稿。本书在资料收集和完成过程中得到了吐鲁番市水利局、吐鲁番水文水资源勘测局、吐鲁番市水利水电勘测设计研究院、新疆维吾尔自治区水文水资源局、新疆维吾尔自治区地质矿产勘查开发局第一水文工程地质大队，以及高昌区、鄯善县和托克逊县水利局等单位的大力支持和帮助。本书的完成和出版得到了科技部"十三五"国家重点研发计划"我国西部特殊地貌区地下水开发利用与生态功能保护项目（2017YFC0406100）"的资助。在此向所有给予本书帮助和资助的单位和个人表示深深谢意！

因时间和作者水平所限，书中难免有疏漏和不足之处，恳请读者批评指正。

作者

2021 年 12 月

目 录

第 1 章
研究概述

1.1 研究背景

地下水具有重要的水资源属性，与人类社会和生态环境联系紧密。地下水具有多种重要的服务功能，具体地说，主要包括资源功能、生态功能、地质环境功能三大类。其中：资源功能是指地下水水量得到持续稳定补给、水质得以不断更新，具有相对独立、稳定的补给源和地下水资源供给保障能力；生态功能是指地下水对地表水生态系统（河道基流、湿地、泉水等）、陆表植被和土地质量良性维持的作用或效应，地下水系统的变化会对生态环境产生一定的影响；地质环境功能是指地下水系统对其所赋存的地质环境稳定具有支撑保护的作用或效应，如果地下水系统发生变化，则地质环境出现相应的改变。

吐鲁番盆地位于我国西北内陆地区，气候干旱少雨，地下水是国民经济和社会发展的主要供水水源，也是维持生态环境的重要支撑。如果地下水不合理利用将会引起地表植被退化、天然绿洲面积减小、湿地河流萎缩、土壤盐渍化等一系列生态环境问题。因此，如何合理开发利用地下水是吐鲁番盆地的重要研究课题。目前，吐鲁番盆地地下水功能特征以及地下水管控指标方面的研究较少，本书根据吐鲁番盆地高温干旱的内陆盆地实际情况，选取有针对性的功能评价指标，对吐鲁番盆地地下水资源功能和生态功能进行评价；在地下水功能评价基础上，进行吐鲁番盆地地下水功能区划分，明确各类功能区的地下水开发利用控制要求；结合吐鲁番盆地地下水超采治理目标，提出分阶段地下水位管控指标，以期为吐鲁番盆地地下水资源可持续利用和管理提供科技支撑。

1.2 国内外研究进展

1.2.1 地下水管理理念研究进展

1.2.1.1 国外研究进展

地下水管理是指通过运用行政、经济、法律、技术和管理等手段，对地下水进行开发、利用和保护[1]。地下水的过量开采及引发的相关环境问题，国内外很多学者都进行了研究。

早在 19 世纪 20 年代就有关于地下水开采引发咸水入侵的环境问题的研究。1910年之后，美国沿海地区开采地下水诱发海水入侵，引发很多讨论，开始有更多的学者和研究机构关注并研究超采问题；许多国家政府和国际组织也出台法案限制超采[2]；20世纪 60 年代，地下水资源归入矿产资源一类，以政府立法管理为主，对用水户及用水量分配进行划定[3]；60—70 年代，随着地下水需水量的不断增大，许多地区的地下水水质不断恶化，对地下水水质的相关研究相继开展[3]；到 70 年代末期，受水资源时空分布的影响，综合研究地表水与地下水相关关系，对地下水和地表水进行统一的配置和管理，对于地下水资源价值进行了进一步的明确规定[4]；80 年代，美国亚利桑那州制定了《亚利桑那州地下水管理法》，这是美国第一个提出对地下水开采进行限制的州[2]。2006 年，美国通过了《美国-墨西哥跨界含水层评价法案》，确定美国和墨西哥之间开展跨界含水层评价计划；同年欧盟发布《关于保护地下水免受污染和防止状况恶化的指令》（简称《地下水指令》）要求成员国加强地下水保护，包括加强跨界含水层各有关国在水位监测、污染物识别等方面的协调行动。澳大利亚在其《国家水倡议》（2006年）中，将地下水使用申请的评估方法从传统的逐案评估改变为考虑区域资源可持续性的评估，并提出通过限制地下水的许可抽取量来防止不利影响。在 2009 年发布了《地下水回补管理指南》[5]。2008 年，联合国教科文组织、美国加州大学和美国地质调查局主办的国际学术会议"水安全、全球变化和地下水管理"中形成了"保证供水安全的欧文行动框架"，提出了有效管理水资源的原则和行动建议。2014 年，美国加州政府颁布了《加州可持续地下水管理法案》，规定了地下水开发、管理相关计划的制定、实施及更新审查安排，地下水监测和开采报告要求、监督检查、地下水水权管理、监管费收取等方面的事项。2017 年，加拿大自然资源部开展"清洁增长"计划，计划中提出减少水的使用以及水对生态系统的影响。

1.2.1.2　国内研究进展

地下水管理工作在我国起步相对较晚。20 世纪中叶以前，地下水的开采量较少，仅为地下水量管理，将地下水资源视为矿产资源的一种进行管理[2]。1988 年，《中华人民共和国水法》正式出台，并在 1988 年 7 月开始实施。《中华人民共和国水法》规定地下水和地表水必须进行统一管理，确定了水行政部门分级分部门的管理机制，统一规划水资源的开发和利用，采用取水许可制度，标志着我国在开发以及管理水资源方面开始有了法律依据。2002 年，《中华人民共和国水法》进行了修订，该法律成为水行政主管部门实施地下水管理的法律。2011 年，中央一号文件中明确提出了在今后水资源管理中必须执行最严格管理制度的战略思想和具有科学性的"三条红线"，为我国水资源管理开拓了新的局面。2015 年 2 月，水利部下发《关于加强地下水资源管理和保护的函》（水资源函〔2015〕67 号），要求各省级人民政府抓紧建立地下水取用水总量控制和水位控制制度。自文件下发以来，我国部分省份已经在地下水管理和考核等方面进行了有益的探索和实践。江苏省划定了地下水控制性水位，山西省也将地下水位下降幅度纳入到地方政府的考核内容[2]。2016 年，我国科技部发布《"水资源高效开发利用"重点专项 2016 年度申报指南》，重点开展综合节水、非常规水资源开发利用、水资源优化配置、水资源精细化管理等方面科学技术研究；同年，我国颁布的《水利改革发展"十三五"规划》，将"严格地下水水量和水位双控制"作为加强地下水保护和超采区综合治理的具体措施。2020年《水利部办公厅关于开展地下水管控指标确定工作的通知》（办资管〔2020〕30号）指出，应科学划定地下水取用水总量、水位控制指标，推动实现地下水合理开发和可持续利用，维护区域生态安全。

1.2.2　地下水功能评价研究进展

1.2.2.1　国外研究进展

对于地下水功能评价的研究，目前国外学者还未有专门的探讨，对地下水功能这一概念还没有系统的认识，也没有将其应用到实际工作中，仅在地下水的可持续利用方面、水资源方面做出大量的研究。

鉴于地下水功能评价的方法、目的及意义本质上是为了体现地下水在自然环境中具有多方面的、彼此紧密联系的功能，全面地考虑区域地下水的资源功能、生态环境功能和地质环境功能，将地下水功能最大利益化，从而开展科学合理的地下水资源开采利用，避免资源枯竭、生态环境和地质环境灾害现象发生，充分体现地下水的整体最佳效益，这些都是为了实现一个目的：地下水资源的可持续利用。从这个角度讲，世界各国都采取了大量措施，力图解决有关地下水资源问题，比如地下水的安全开采量：Lee C H（1915）在国际上首次提出了地下水安全开采量的概念，他认为在有规律地开采地下水的过程中，人类的这种行为将不会导致地下水储存资源量的破坏性损失，地下水系统将不会被破坏[6]。之后，学者 Meinzer[7]、Theis[8]、Conkling[9]、Banks[10] 等对地下水安全开采量的概念进一步研究和完善，使之逐渐被大众接受。至20世纪90年代以后，资源可持续发展理论在国际能源问题上盛行开来，由于可持续开采量这一概念在描述地下水资源问题上比安全开采量更为客观实际一些[11]，地下水安全开采量这一概念也被地下水可持续开采量取代。Sophocleous（2000）以美国堪萨斯州为例，从含水系统中抽水使当地河流水量不断减少等方面指出安全开采量的缺陷及从动态的可持续性角度研究水资源的重要性[12]；Imaizumi 等（2006）利用地下水水位和河流水量的长期资料，基于简单水量平衡方程，对日本最大的沿海平原 Nobi 平原的北部进行了地下水补给功能评价[13]；Nicolas Valiente 等（2020）研究了在西班牙南部岩溶系统中，污染物衰减方面地下水的功能与作用[14]。综上所述，当今世界各国都意识到地下水资源问题的严重性，针对有关问题也采取了很多措施，这些措施不同程度地恢复或增强了地下水功能，尽管更多趋向于地下水的资源功能，但同时也给当地的生态环境、地质环境带来了一些积极效应[15]。

1.2.2.2　国内研究进展

地下水功能评价是21世纪初期提出的一种地下水评价的新方法。地下水功能评价工作主要由我国水文地质专家张光辉教授率领工作团队主持开展，主要针对前人在进行地下水评价时只片面注重其资源功能从而导致其他功能退化或丧失的问题。这种评价方法综合考虑了区域的地下水资源供给功能、生态环境维持功能和地质环境稳定功能。与其他地下水评价方法相比,可更全面、系统地概括地下水的各项功能,为更好地体现地下水系统的整体最佳效益提供科学依据和科技支撑,为人类合理地开发利用地下水资源提供依据,开展地下水功能评价的研究,对于促进水资源系统长期可持续利用具有重大的意义[16]。

目前,全面系统的地下水功能评价的研究在国内逐步开展,此前的地下水功能研究多只注重于地下水的单一方面功能,如地下水资源可开采量、资源可持续评价等地下水资源功能方面,地表植被生态功能与地下水埋深的关系等生态功能方面,以及地下水开采与地面沉降等地质环境功能方面[16]。

1) 地下水资源功能方面。地下水资源功能研究开展较早,主要研究方面包括地下水的资源量、地下水资源的可持续利用等[17-19]。评价着重分析地下水资源的质与量及其对人类社会生活的影响。研究主要从地下水资源环境的影响因素入手,综合分析确定地下水资源数量评价中所必需的水文地质参数,主要包括降水入渗补给系数、潜水蒸发系数、河道渗漏补给系数、渠系渗漏补给系数、井灌回归系数、给水度、渗透系数、导水系数、越流补给系数等,计算其可开采资源量及资源可持续开采能力,设计合理的开采方案[18-19]。

2) 地下水生态功能方面。地表植被与地下水的联系较为密切,在地下水生态功能方面的研究主要着重于植被的生长状况随地下水水位变化而产生的改变。这部分研究主要是选取与地下水状况有密切联系的生态环境指标,如土壤含盐量、土壤含水量、地下水位埋深、地下水矿化度、地下水生态水位等[17-25]。探讨研究了地下水与这些要素之间的联系机制,以此来确定地下水位的变化对地表天然植被等生态环境的影响。

3) 地质环境功能方面。由于地下水开采导致的地质环境问题已严重影响人们的生活,成为当今研究的热点。目前,在此方面开展较多的研究是地下水位与地面沉降关系、地下水降落漏斗的成因及控制恢复问题[26-27]。通过研究地下水位-沉降量、开采量-沉降量的关系变化模型及探寻地质环境灾害的成因问题来预测及预防灾害的发生,对于合理利用、保护地下水资源、保护地质环境的稳定安全具有重要的理论和实践意义。

早在 1999 年水利部发布的《水资源评价导则》(SL/T 238—1999)中规定了水资源数量评价、水资源质量评价及水资源开发利用及其影响评价的评价内容及相关原则,但还未有"地下水功能"这种说法及相关的专门研究。2003 年中国地质调查局部署了地下水功能评价和区划的工作内容,地下水功能评价工作在我国初步展开。2004 年 11 月中国地质调查局发布了《全国地下水资源及其环境问题调查评价(试行)》,提出了建立地下水功能评价的基本原则、技术导则、评价模式等,明确了地下水功能相关概念。在《全国地下水资源及其环境问题调查评价》技术文件指导下,地质部门对华北平原地下水系统进行了功能评价研究,在该区内确定了 10 个评价指标和 30 个评价因子,在此基础上建立了华北平原地下水功能评价体系,开展了区域地下水功能评价[28]。2005 年 5—7 月,依托《全国地下水资源及其环境问题调查评价》项目,中国地质调查局和中国地质科学院水文地质环境地质研究所相继在石家庄、沈阳和兰州开展了地下水功能评价和区划方法的研究工作。西北地区项目组确定了以生态功能为西北地区地下水功能评价的主导功能,资源功能和地质环境功能为次要功能,并确定了该区 26 个地下水功能评价指标。在东北和华北地区也逐步确定符合各自实际情况的地下水功能评价指标[16]。

在地下水功能评价系统建立的进程中,国内大量的学者及相关研究人士对完善地下水功能评价体系做出重要贡献。中国水利水电科学研究院唐克旺和杜强(2004)初步分析了当前我国地下水面临的主要问题,并根据地下水所具有的功能,分析了其与当前地下水面临的诸多问题的关系,但仅对地下水功能区划做了研究,未涉及地下水功能评价指标体系构建[30];张光辉等(2006—2012 年)应用系统论和层次分析方法建立了地下水功能的基本理念、评价标准和方法及评价指标体系,从地下水的自然属性切入,兼顾地下水的资源功能、生态功能和地质环境功能,对华北滹沱河流域地下水功能做出评价[31],还对我国疏勒河流域中下游盆地、西北内陆盆地地下水功能做出了评价,详细分析了地下水可持续开采量与地下水功能评价的关系,以及华北平原地下水的功能特征,对地下水功能评价指标标准化过程中的相关问题做出了改进处理,使得地下水功能评价体系更加完善[16,32-38];范伟等(2009)在地下水功能评价指标体系的基础上对吉林省平原区地下水可持续性做出评价[37];李秀明(2013)从地下水系统的供给与需求方面入手,根据研究区的具体情况及获取资料状况,选取 25 个典型指标构建了地下水的功能评价指标体系,并采用层次分析法和 GIS 空间叠加分析对下辽河平原地下水功能进行了评价[16];王金哲等(2020)针对西北内陆平原区自然湿地和天然植被对地下水埋藏状况具有强烈依赖性的特点,遵循多目标组合、属性归类、功能聚合和系统唯一的层次逻辑,因地制宜,构建了适合干旱区地下水功能评价与区划体系[38]。研究结果表明该方法体系具有较好的理论基础,但由于该方法体系指标过于繁杂,指标数据区域性较强,获取难度较大,多适合在水文地质资料丰富的小空间尺度上开展,造成了评价工作存在一定困难。

1.2.3 地下水功能区划研究进展

1.2.3.1 国外研究进展

地下水功能区划目前还是一个比较新的领域,但其重要性不可忽视。国外也逐渐重视对这一领域的研究,很早便有对该方面的研究,但主要还是对地下水某一功能区划或某一方面区划的研究,如 Alexander Zaporozec(1972)认为地下水资源区划是保护地下水水量水质的手段之一。

区域分区是指根据水文地质特征对特定区域进行分类,并评价和确定每个分区的可能用途。依据岩性、地层、构造和水文地质特征来划分和圈定水文地质单元,如地下水水位、泉水流量、温度、气压、降水、蒸发和长期的水文测量等。水文地质分区是基本划分单元,以相似的水文地质特征为基础,对特定经纬度区域进行划分。20 世纪 70 年代,美国还没有统一的地下水功能划分标准与体系[39];如 Pooteh 等(2019)用克立格法和电导法研究了伊朗 Shiraz 平原钠离子和硫酸盐的分布,从而对该地地下水水质分布状况进行了分区[40]。但缺少对地下水功能区划进行系统的、整体的研究。

1.2.3.2 国内研究进展

地下水功能区划即对地下水的资源、生态、地质环境功能评价的基础上，结合区域的地形地貌、水文地质条件、生态环境以及地下水污染情况、地下水资源量、开采量、供需现状等划分不同的水功能区。总体来说，地下水功能区划是一种新型的地下水管理模式，在理念、功能评价的原则、体系和方法等方面尚处于探索阶段。国外对于地下水水源地保护、地下水生态功能维系等方面做了一定的研究，但是关于地下水功能区的划分方法和划分原则方面开展的工作较少，我国在这方面的发展已有一段时间，很多新的认识和不同观点随着工作的深入开展逐渐涌现[41]。

我国从20世纪90年代末开始展开了一系列水功能区划的相关工作，最初由水利部按照国务院"三定"规定安排全国各省区和相关流域管理机构着手进行水功能区划工作，之后于2002年编制完成《中国水功能区划》，在全国范围内推广试行。2003年，水利部颁布的《水功能区管理办法》明确了对水功能区的相关管理办法[42]。这些主要都是对地表水功能区划的研究，地下水与地表水在形成、转化、运移等方面有很大的不同，这些研究可以在某些方面为地下水功能区划提供思路，但是不能完全照搬。地下水的功能区划应以水循环为基础，以完整的水文地质单元为划分的基本单元，突出地下水隐蔽性、滞后性和恢复缓慢等特点。

国内开展地下水功能区划分始于21世纪初[30]。开展这项工作的部门主要有水利部和国土资源部，并就地下水功能区划和评价制定了相关的大纲和技术要求。2005年，水利部在全国地表水功能区划的基础上，根据全国地下水资源规划的安排，编写了《地下水功能区划分技术大纲》[43]。在该大纲中，地下水功能区采用二级区划体系，对各功能区的划分依据进行了具体规定，全国各省份均依据此大纲进行了本省的地下水功能区划分。2006年，国土资源部编制了《地下水功能评价与区划技术要求》（GWI-D5，2006版），对地下水功能区划的主要内容、评价体系和评价方法等进行了规定，并依据此在中国的西北地区、东北地区和华北地区的平原区进行地下水功能区划工作[44]。两份技术文件的共性是均以地下水的主导功能作为区划的必要条件，即都把区域地下水的自然资源属性、生态环境属性和经济社会属性作为基础条件考虑，且重视生态环境保护。二者不同之处：水利部门的地下水功能区划，给定了一级和二级地下水功能分区具体的判别条件，尤其涉及地下水资源功能，需满足条件才能进行功能分区，全国范围内的划分标准统一；而国土资源部门的地下水功能区划，首先依据统一的地下水功能评价与区划指标体系，分别构建符合各大区域（西北、华北、东北地区等）地下水系统自然属性规律的地下水功能评价指标体系，根据《地下水功能评价和区划技术要求》（GWI-D5，2006版）基本技术要求，开展全流域或全区域地下水功能评价，再在功能评价成果的基础上，综合各流域或地区管理需求，进行地下水功能区划。虽然国土资源部门的地下水功能区划是建立在功能评价基础上，但它是基于1:25万区域地下水资源及其环境问题调查评价，尚不能适应流域尺度高精度的地下水功能区划，尤其是支撑"水位-水量"双控管理的地下水功能区划[45]。

依据这两份不同的技术文件，国内众多学者也在理论和实践中进行了不断的探索。

在依据水利部制定的《地下水功能区划分技术大纲》（简称《大纲》）进行地下水功能区划实践工作中，吕红等（2007）以山东为实例，阐述地下水功能区划分原则、划分体系及各种功能区划分方法，针对功能区的各功能特点制定其保护目标，提出管理措施，为建立和完善地下水管理制度奠定统一的基础平台[46]；唐克旺等（2012）对全国国土面积开展了地下水功能区划工作，并分析了我国地下水功能区划的特点[47]；孙晋炜等（2014）运用层次分析法，根据地下水开发利用的特点选择地下水的更新能力、防污性能、富水性分区、水质分区、水源保护区以及土地利用分区为评价指标，并综合专家意见确定评价指标的权重，在地下水功能评价的基础上将北京市划分为生态涵养区、开发利用区、控制限采区和限制储备区 4 个一级功能区及 35 个二级功能区[48]；朱亮等（2017）参照《大纲》，依据地形地貌、水文地质特征、水系等将陕西省神木县划分为 5 个地下水系统，立足于各系统的特征，结合地下水资源量及其开发利用情况、地下水质量现状以及研究区潜在生态问题进行二级功能区划分并提出保护措施[49]；刘谋等（2020）以府谷县的水文地质单元边界为依据，根据府谷县区域水文地质概况和地下水开发利用现状等基础资料，划分研究区地下水一级、二级功能区，并利用 MapGIS 的空间分析技术绘制出最终的府谷县地下水功能区划图[50]。

在依据国土资源部印发的《地下水功能评价与区划技术要求》（GWI‐D5，2006版）进行地下水功能区划实践工作中，闫成云等（2007）按地下水目标功能单项评价分级和主导功能综合评价的组合特征，对疏勒河流域中下游盆地地下水目标功能在 5 级分区的基础上，结合各自的属性与具体条件进行了功能区划[51]；曹阳等（2011）针对泉州市地下水资源的分布特点，选取了地下水系统中具有代表性的驱动因子、状态因子和响应因子，对当地地下水功能进行区划，为防止泉州市地下水污染和海水入侵以及指导地下水资源合理开发利用提供参考[52]；谈梦月（2013）根据晋江市地下水实际开发利用情况，从资源功能、生态功能和地质环境功能三方面建立了适宜的研究区浅层地下水功能区划体系[41]；刘渊（2018）对昆明市浅层地下水资源进行定量评价，并结合专家打分法结果和层次分析模型等对昆明市浅层地下水功能进行区划[53]；王金哲等（2020）基于新创建的"干旱半干旱区地下水功能评价与区划理论方法"，提出了适宜西北内陆区地下水功能区划体系、区划指标、区划原则和方法[38,45]。

地表水与地下水作为水资源系统的重要组成部分，两者密切联系，相互转化，在水资源开发与保护方面需要统一考虑、协调进行。目前已有越来越多的学者进行地下水功能区划与地表水功能区划相互协调的研究，如罗育池等（2012）探讨了地表水‐地下水联合水功能区划的原则与思路，提出了联合水功能区划分的二级体系[54]。地下水功能区划的研究方法也在不断地多元化，如李发文等（2013）认为单一方法在实际应用中可信度存在一定偏差，为提高评价的精度和可信度，在评价指标权重方面，可采用层次分析法与变差系数法相结合的主客观方法对资源功能、地质环境功能和脆弱性功能进行评价[55]。地下水功能评价及区划的研究手段也不仅局限于传统的水文地质勘察等，如袁月（2020）[56]、李玉喜（2020）[57] 等应用 GIS 软件对各指标数据进行空间叠加分析，分别对吐鲁番盆地、平潭岛浅层地下水功能进行区划。

1.2.4　地下水控制性水位研究进展

1.2.4.1　国外研究进展

自土壤学家伯勒诺夫1931年提出了"地下水临界深度"概念以来，很多学者对土壤水盐在剖面中的垂直运动规律进行了大量的研究，主要讨论问题是如何确定潜水位的临界深度及将潜水位控制在其临界深度以下，以防止盐分在植物根层中的累积。国外对地下水水位管理的研究主要集中在地下水位埋深与植物生长、土壤盐渍化以及地质环境的关系方面[2]。

在地下水位埋深与植物生长的关系方面，Tyree等研究了植被的生长状况和地下水水位之间的关系[58]。Prathapar等分析了作物产量和地下水位埋深的关系[59]。Horton等对植物在不同地下水位埋深下的生理反应进行研究，提出了植物进行光合作用地下水位埋深的阈值[60]。Kahlown等研究表明地下水位埋深不相同，作物吸收地下水量不相同，作物产量也不相同，作物生长最佳的地下水位埋深为1.5～2.0m[61]。Eamus等研究表明在缺水环境下，植物的生存及演变依赖于从潜水面或毛细管能否直接吸收水分[62]。Lubczynski等在干旱的荒漠地区研究结果发现树木的根系可以延伸到地下数十米，同时还可以从潜水面直接吸取蒸腾水分[63]。

在地下水位埋深与土壤盐渍化的关系方面，Thorburn等应用稳定流理论描述了土壤水分的蒸发排放量与水位埋深的关系[64]。Ali R通过土壤盐度模型（LEACHC），建立了土壤盐渍化与植物生长、水位埋深之间的关系，得到在适宜埋深条件下，灌溉量可以达到作物总蒸发量的80%，不引起潜水面的毛细上升并且使作物的产量趋于合理[65]。Benyamini等研究表明，半承压的含水层中同时安装混合排水系统和减压井是最有效的一种排水方法，通过对地下水矿化度、地下水位埋深、土壤盐渍度进行预测，以及地下水位与电导率的相关关系分析发现，水位埋深大于或等于1m能够有效地抑制土壤盐渍化发展[66]。

在地下水位和地质环境方面，主要集中于对地面塌陷及地面沉降的研究。Thierry等研究了地下水水位变化时岩溶溶解作用，证明了地下水水位在含水层中长时间的强烈波动是引起岩溶区地面塌陷的根本原因[67]。

1.2.4.2　国内研究进展

在我国一些地区，由于地下水超量开采以及不合理开发利用造成了一系列地质环境问题。大量学者对诱发这些地质环境问题的直接或间接因素开展了深入研究[3]，研究目标主要是确保地下水处于采补平衡中，不至于产生严重的地质环境问题和生态环境问题。

有关地下水位相关概念方面：袁长极（1964）提出了"土壤临界深度"的概念，即土壤开始返盐时的地下水埋深，通过利用土壤水分资料确定临界深度的方法，确定了轻质土和黏土临界深度[68]。张惠昌（1992）通过干旱地区指示性植物的生长状况与地下水埋深的关系、植物根系与地下水埋深及土壤含水量的关系的研究，提出了"地下水生态平衡埋深"的新概念，即在无灌溉的天然状态下，不导致发生植被退化、土壤沙化、土壤盐渍化等问题，保持生态平衡的地下水位埋深[69]。郭占荣等（2002）提出了"地下水动态临界深度"的概念，认为一个地区的地下水临界埋深是动态变化的[70]。方樟等（2014）提出了地下水控制性管理水位及阈值的概念与确定方法，提出"以地下水可开采量作为总量控制指标，以地下水控制性管理水位及阈值作为考核指标"的地下水资源管理模式，并利用地下水流数值模拟方法确定了示范区不同水平年不同季度在不同降水保证率下的控制性管理水位及阈值[71]。

我国在地下水位和土壤盐渍化的关系方面研究较早，研究范围包括西北、华北、黄河三角洲等。20世纪60年代，黄荣翰、王遵亲等研究了控制地下水排水、控制地下水位在防止土壤次生盐碱化中的作用[4]。金晓媚等（2009）使用遥感等方法定量研究了银川平原地下水水位与土壤盐碱化的关系[72]。龚亚兵等（2015）采用地下水数值模拟软件建立了能够反映实际含水层地下水流特征的数值模拟模型，进而进行地下水资源评价和后套盆地在盐渍化水位限制条件下开采方案的预测研究[73]。李平平等（2020）对甘肃苏干湖湿地的研究表明土壤盐渍化与地下水位有密切联系，轻盐渍土和中盐渍土水位埋深都大于1.0m，其余盐渍土水位埋深均小于1.0m；当地下水位埋深在0.5～1.0m时，土壤盐渍化比较严重[74]。在地下水位与生态环境方面，研究集中于生态水位确定。崔亚莉等（2001）针对西北干旱区特定的生态环境条件，认为地下水埋深及包气带水分运动状况是主要生态环境指标，西北地区潜水利用应保持适当的强度，潜水埋深应控制在3～5m以维持一定的生态环境用水[75]；樊自立等（2004）研究地下水埋深和生态环境之间的关系，将地下水临界埋深分为沼泽化水位、盐渍化水位、适宜生态水位、植物胁迫水位以及荒漠化水位5种类型，并确定相应的埋藏深度[76]。贾利民等（2013）研究了干旱牧区地下水埋深与天然草地植被生长状态的关系，研究结果表明地下水位在一定程度上直接影响表层土壤含水量的大小[77]。

在地下水位和地质环境方面，研究集中在地下水位和地面沉降、海水入侵等地质问题的关系。姜晨光等（2004）系统分析了地下水位与地面沉降的关系，并建立了城市地面沉降的数学模型[78]。白永辉等（2005）通过对沧州市的地面沉降、地裂缝等地质灾害的发育特征进行分析研究，论述了其与地下水的关系，得出深层地下水水位降深70m可作为控制地面沉降发展的警戒水位降深，浅层地下水位埋深7m可作为地裂缝多发的警戒水位埋深的结论[79]。孙晓林（2012）在滹沱河冲洪积扇考虑地下水可能造成污染的条件和工程地质环境破坏的条件，确定了地下水限制水位[80]。史入宇（2013）在此地区又补充考虑生态和水资源因素等限制条件进行了重新划定[81]。姜媛等（2015）确定了顺义区地面沉降与地下水位的定量关系，得到不同开采深度下地下水位控制阈值[82]。黄健民等（2015）对广州金沙滩岩溶区水位变化与地面塌陷及地面沉降的关系进行了深入研究，得到岩溶地面塌陷及地面沉降受地下水位变化的控制，地下水位变化和地面沉降量的大小呈正相关关系[83]。郭海朋等（2017）通过对华北平原地面沉降的机理研究发现沉降主要压缩贡献层随地下水开采层位变化而变化[84]。

在海水入侵发生的地区，海水入侵程度可由地下水水位和Cl^-浓度的相关关系来表示。李忠国等（2005）应用人工神经网络法确定了大连市海水入侵区地下水开采量阈值和临界地下水位[85]。于璐等（2015）在海水入侵区地下水管理控制水位概念界定的基础上，提出了地下水管理水位红线-黄线-蓝线分级模式，针对地下水不同阶段的管理需求，构建了基于人工神经网络的地下水合理水位计算方法和基于水资源管理控制水位计算方法[86]。胡浩东（2020）根据地下水开发利用特征及地下水开发利用引起的环境地质问题，将地下水管理控制水位不同类型区划分为浅层地下水类型区、深层承压水类型区和环境地质灾害区[4]。

1.3　研究范围

本书研究范围为艾丁湖流域，重点是吐鲁番盆地平原区。如没有特别说明，书中所指吐鲁番盆地均为艾丁湖流域吐鲁番盆地。

1.4　研究目标与内容

1.4.1　研究目标

在对研究区地理、地质和水文地质、植被生态、湖泊湿地、水资源及开发利用、地下水超采及治理等方面深入调查分析的基础上，研究吐鲁番盆地绿洲湿地演变规律、地下水位动态特征及影响因素。基于吐鲁番盆地地下水资源功能、生态功能、地质环境功能特征，对吐鲁番盆地地下水功能进行评价和区划。研究提出吐鲁番盆地地下水控制性指标。

1.4.2　研究内容

从地质构造、地层特征、地貌特征、地表组成物质、地表植被等方面调查盆地地下水基本状况；从地下水系统的补给、更新、储存条件、分布特点、类型特征等调查盆地水文地质条件，分析地下水补径排特征。调查地下水开采方式、开采量及其时空分布等开发利用状况。调查与地下水相关的地表植被、湿地、土壤等要素的历史和现状。基于水循环二元理论，结合地下水自然特性和开发利用情况及吐鲁番盆地水资源配置现状和规划格局，分析吐鲁番盆地地下水的资源供给功能和生态维持功能区域特征。结合吐鲁番盆地地下水超采治理目标，提出盆地分阶段地下水水位水量控制性指标。

1.5　研究方法与技术路线

本书将综合运用地质学、水文地质学、地下水动力学、生态学、水文水资源学等多学科理论知识；充分利用 GIS 技术、RS 技术、数理统计等多种技术手段开展工作；采用区域宏观分析与典型区案例研究结合、野外考察调研与室内分析结合的工作思路开展研究工作。

研究技术路线包括以下几个主要环节：国内外研究现状及研究区工作基础调研、研究区生态环境演变特征分析、地下水位动态特征分析、确定研究区地下水功能影响因子、建立地下水功能评价体系及地下水功能评价、建立地下水区划体系并进行区划、确定研究区地下水控制性指标。

研究技术路线如图 1.1 所示。

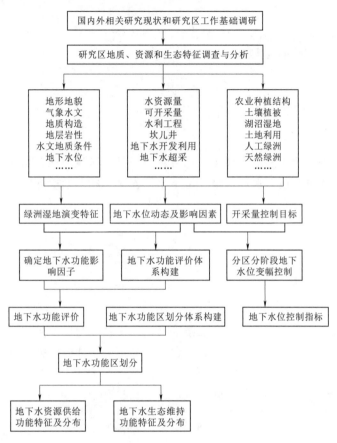

图 1.1 研究技术路线

第2章
吐鲁番盆地概况

本章对吐鲁番盆地自然地理概况、社会经济条件、区域地质及水文地质概况、水资源及其开发利用状况、地下水资源量、地下水开发利用状况及引起的生态环境地质问题等方面进行详细的分析介绍。

2.1　地理位置

吐鲁番盆地位于新疆维吾尔自治区中部偏东，是属于天山南麓的一个典型山间盆地。吐鲁番盆地东接哈密盆地，南抵觉洛塔格山荒漠地带与巴州接壤，西与乌鲁木齐市毗连，北隔东天山与昌吉州吉木萨尔、奇台、木垒等县相邻。吐鲁番盆地周边界限按河流流域或地形的分水岭分界，其总面积为 $53810km^2$，占新疆维吾尔自治区总面积的 3.2%。地形主要为山地和平原（戈壁、沙漠、绿洲）[87]。

2.2　自然地理概况

2.2.1　地形地貌

吐鲁番盆地总的地形特征是三面环山，西北高而东南低，地形地势由山区向盆地最低处——艾丁湖倾斜。盆地西北部为天山山脉，最高峰博格达峰，山顶常年积雪，海拔为5445m；盆地南部是觉洛塔格山，最高海拔仅为2591m；盆地东部是库木塔格沙漠；中部是海拔为-154m的艾丁湖，是盆地内最低点，同时也是我国大陆的最低点。在吐鲁番盆地内部，东西走向的火焰山、盐山为第三系基岩出露，将吐鲁番盆地分割成南北两个盆地。构成了吐鲁番盆地"三山"（博格达山、火焰山和觉洛塔格山）夹"两盆"（南盆地和北盆地）的格局[87]。

北盆地为北部天山水系的冲洪积平原，海拔为300~1500m，从北向南，地势较平缓，坡度一般不超过2%。南盆地位于火焰山与觉洛塔格山之间，是火焰山水系所形成的冲积平原，海拔高度大部分均为负值，盆地内地势平坦，坡度为1%左右。

吐鲁番盆地地貌特征整体呈环状分布，内环是人工及天然绿洲区，中环是风化和水流作用形成的荒漠戈壁区，外环是高山地区，艾丁湖为环形中心[88]。北盆地由各冲洪积扇相互交叉连接而成，从上到下依次为砂砾石带、堆积物以及火焰山、盐山北侧的细土带。南盆地从火焰山前到艾丁湖依次为冲洪积平原和湖积平原，土质则由砾石逐渐变为细粒土，且海拔逐渐降低。

2.2.2 气象水文

2.2.2.1 气象特征

吐鲁番盆地地处亚欧大陆腹部，远离海洋，来自海洋的水汽到达本区已经所剩无几，加之吐鲁番盆地特殊的地形特点，形成了本地区高温干燥的暖温带干旱荒漠气候。

盆地全年平均气温 13.9℃，夏季平均气温在 35℃左右，冬季平均气温在−10℃左右。1 月最冷，最低气温−25.2℃；7 月最热，最高气温 48.0℃。全年气温平均有 28 天高于 40℃。吐鲁番盆地相对于周边地势低洼，气温不宜散发，故气候炎热。

吐鲁番盆地降水在空间上分布不均，降水量由北向南逐渐减少。北部博格达山区年降水量一般大于 150mm，向南到火焰山山北减少为 27.8mm。南盆地人工绿洲区为 16.6mm，最南部艾丁湖附近仅 7.8mm。南北差异很大。盆地内多年平均降水量仅为 16.5mm，降水季节差异大，呈单峰式分布，主要集中在 6—8 月（夏季），其他季节月平均降水量多在 2mm 以下，夏季降水总量占全年降水的 50％以上[87]。

吐鲁番盆地蒸发强度大，多年平均蒸发量为 3600mm，最大年水面蒸发量高达 4107.2mm。

2.2.2.2 水文特征

吐鲁番盆地内共发育有大小河流 14 条，属于博格达山水系的河流有白杨河、大河沿、塔尔朗、煤窑沟、黑沟、恰勒坎、二塘沟、柯柯亚和坎尔其等河沟，属于天格尔山水系的河流有柯尔碱沟、艾维尔沟、阿拉沟，属于觉洛塔格山水系的河流有祖鲁木图沟、乌斯通沟。其中集水面积大于 200km²、年径流量大于 0.1 亿 m³ 的河流有 12 条，是吐鲁番盆地主要的地表水源和地下水补给源[87]。

河流由发源处至艾丁湖，虽然流程很短，但由于地势特点，落差巨大。由于落差大，水流速度快，水流的冲击作用使山前细小河道众多。

河流径流量年际无明显变化，基本在多年平均上下浮动。年内变化较明显，夏季相对集中，5—9 月径流量占全年的 65％以上。

由于近年盆地内需水量的增大，在河流出山口处修建水库，在盆地内修建引水渠道，上游地表径流大部分被截流引用，能补给盆地绿洲区地下水的河流仅剩托克逊县的白杨河。

2.2.3 土壤植被

2.2.3.1 土壤特征

吐鲁番盆地土壤类型具有平原区水平地带性和山地垂直地带性的分异规律[87]。高昌区部分从上到下依次为高山山地黑钙土—灰褐色森林土—高山草原土—山地栗钙

13

土—山地棕钙土—山地灰棕漠土—棕漠土—灌淤土—山地棕漠土—灌淤土—潮土—灌淤土—干盐土—盐土—风沙土；鄯善县部分依次为高山山地黑钙土—灰褐色森林土—高山黄甸土—高山草原土—山地栗钙土—棕漠土—灌淤土—盐土—山地棕漠土—风沙土；托克逊县部分北边达坂城起从上到下依次为山地栗钙土—山地棕钙土—棕漠土潮土—灰褐色森林土—山地棕钙土—风山地棕漠土。洪积、冲积平原地带土壤自西向东分布着棕漠土—潮土—盐土—干盐土—灌淤土—风沙土—山地棕漠土—灌淤土—盐土—山地棕漠土—灌淤土；由北向南分布着棕漠土—潮土—山地棕漠土—灌淤土—干盐土—风沙土。

吐鲁番盆地内土壤受风力侵蚀和水力侵蚀较为严重。土壤质地以壤土为主，土壤有机质含量适中，钾元素比较丰富，但磷素、氮素含量偏低，土壤肥力处于中下水平[89]。

2.2.3.2 植被特征

吐鲁番盆地自然景观也随地势由高到低具有十分明显的垂直变化规律[87]，从山地到平原依次出现：高山冰雪带—高山裸岩—高山蒿草草甸带—山地草甸草原带—山地荒漠草原带—荒漠带—草原荒漠带，自然环境及资源呈多样化、复杂化，同时巨大的地势差异和特殊的地理形态，又使得气候变化多样。

高山区与天山北坡相比，流域植被相对稀疏，森林带和高山草甸带消失；高山草原发育较好。盆地内大的地貌单元可分为高山带、中山带、山前倾斜平原、绿洲、荒漠带等类型。在干旱荒漠气候条件的影响下，盆地低山区岩石风化，少有植被生长；高山区也只有稀疏植被，并具有明显的垂直地带性规律，在 2500m 附近的阴坡分布有小片森林，树种以针叶云杉、桦树、毛柳等为主；各河河谷地带生长有少量杂林灌木，以河柳、新疆杨及次生灌木为主；平原绿洲区以人工种植植被为主。山区河流上游海拔约 2500~2900m，附近分布着小片森林，主要天然植被为蒿草芜原—高山座垫植被—杂草类（禾草草甸草原）狐茅高寒草原—蒿类或多根葱禾草荒漠草原—短叶假木贼荒漠—瘦果麻黄荒漠—盐生草荒漠—优若黎荒漠砾质土固定沙丘—山地无植被区—平原无植被区—灌溉绿洲和耕地和杂草类—合头草荒漠等，区域内煤窑沟河上游分布西伯利亚落叶松。

2.3 社会经济条件

2.3.1 行政区划及人口发展

吐鲁番市土地总面积 69713km^2，辖高昌区、鄯善县、托克逊县 1 区 2 县。其中高昌区面积 13689.71km^2，下辖 3 街道、6 乡、3 镇；鄯善县面积 39759.45km^2，下辖 5 乡、5 镇；托克逊县面积 16599.87km^2，下辖 4 乡、4 镇[90]。市人民政府驻地高昌区。

2017 年年末，全市总人口 63.34 万人，其中城镇人口 22.93 万人，城镇化率约 34%，低于全国城镇化水平。由于资源与环境问题，吐鲁番市人口增长缓慢，年增长率仅为 1.6‰。吐鲁番是一个多民族融合的地区，包括维吾尔族、汉族、回族等 27 个民族,其中少数民族人口占比高达83.2%,以维吾尔族为主要人口,汉族人口仅占15%。

2.3.2 经济结构

2017年吐鲁番市国内生产总值(GDP)完成262.52亿元,比上年增长9.8%。其中地方生产总值完成225.64亿元,比上年增长10.9%。分产业看:第一产业增加值49.20亿元,增长5.0%;第二产业增加值122.08亿元,增长13.1%;第三产业增加值91.24亿元,增长9.3%。第一、第二、第三产业增加值比重由上年的22.6:41.5:35.9调整为18.7:46.5:34.8。按户籍人口计算,人均生产总值41681元,比上年增长9.3%。按当年平均汇率折合6378.84美元[90]。吐鲁番市2013—2017年生产总值及增速如图2.1所示。

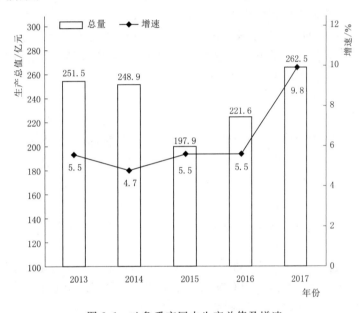

图2.1 吐鲁番市国内生产总值及增速

全年居民消费价格(CPI)比上年上涨2.3%。其中:食品价格上涨4.3%;服务价格上涨1.9%。全年商品零售价格上涨1.6%。工业生产者出厂价格(PPI)上涨14.5%,其中,轻工业下降7.8%,重工业上涨17.1%。农业生产资料价格上涨3.5%。

2.3.3 农业种植

吐鲁番市充分发挥农业资源优势,依托产业优势,不断优化种植业结构。2017年全市积极推进现代特色农业精品版战略的实施,突出地域优势、区域特色,合理规划全年种植业结构,继续提出压缩棉花种植面积7.5万亩❶,大力调减棉花种植。积极引导农民种植具有高附加值的西甜瓜、蔬菜、饲草料等作物,2017年将继续发展哈密瓜产

---

❶ 1亩≈666.67m²。

业，西甜瓜种植面积将稳步提高，饲草料种植也会逐步扩大，预计西甜瓜和饲草料两类作物都将创新高。2017 年，吐鲁番市春季种植农作物 81.94 万亩，其中：粮食种植面积 5.23 万亩，棉花种植面积 12.36 万亩，蔬菜种植面积 9.13 万亩，瓜类种植面积 31.42 万亩，孜然种植面积 3.60 万亩。林果种植面积 77.70 万亩，其中葡萄种植面积 55.36 万亩。

2.4　区域地质及水文地质概况❶

2.4.1　第四纪地质

在吐鲁番盆地中，除了南北部山区、火焰山以及鄯善北部个别区域以外，广泛分布着第四系沉积物。第四系沉积物由山前向盆地中心呈环带状分布，在成因上呈现洪积-冲洪积-冲积-冲湖积-湖积-沼泽沉积-化学沉积及风积；在岩性上为卵石-砾石-砂砾石-各种砂层夹土层-各种土层夹砂层-盐沼土-沙漠砂；反映的地段形态表现为山前倾斜砾质平原-土质平原-湖积平原及风成沙漠[91]。

北盆地沉积着数十米至 1000m 的第四系卵砾石、砂砾石、砂及少量黏性土层，最大沉积厚度出现于北盆地中部。北盆地大部分地区的第四系沉积厚度大于 100m，由东向西由于不均匀的地质构造活动分为 3 个沉积中心。西部煤窑沟以南最大厚度大于 1000m；中部连木沁北东最大厚度大于 700m；东部以鄯善火车站为中心，最大厚度大于 600m。赋存着丰富的潜水，水位埋深大于 30m，最深大于 200m。该区潜水目前还很少为人们所利用。因为北盆地大部分的第四系沉积物中缺失黏土层，所以形成单一的潜水含水层。在较大的地面坡度和较厚的第四系沉积物的地形和地层条件下，水位埋深多大于 30m，最深达到 300m。

南盆地是一个以艾丁湖为中心的封闭盆地，沉积着数十米厚的第四系卵砾石、砂砾石、砂和黏性土层。艾丁湖区沉积有湖相盐渍土和芒硝盐层。南盆地的第四系沉积物中含有数层黏土层，将含水层分为不同的含水层单元，既有潜水含水层也有承压水含水层。因为承压水含水层多为深层含水层，所以难以形成泉而出露于地表。但是，根据机井调查和钻探调查的结果整理而成的自流井分布位置分布图可以看出，承压含水层中的自流含水层多分布于南盆地的西部和中部。

吐鲁番盆地第四纪地质剖面图如图 2.2 所示。

2.4.2　地下水埋藏条件

地下水的赋存与分布规律，受气象、水文、地质等因素控制。地质构造是构成基岩山区、北盆地、南盆地 3 个水文地质单元的基础。气象、水文、地层、地貌是这 3 个水文地质单元中的地下水赋存与径流的根本因素。

　　1. 北盆地地下水埋藏条件[92]

北盆地沉积着数十米至千米的第四系卵砾石、砂砾石、砂及少量黏土层，为地下水

---

❶ 本节内容主要引自参考文献 [91]～[95]。

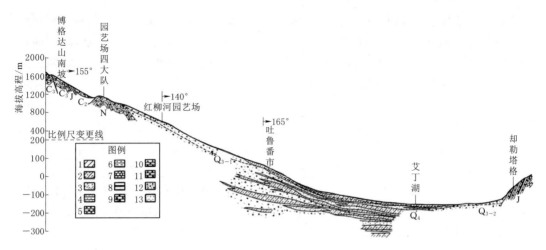

图 2.2 吐鲁番盆地第四纪地质剖面图[91]

1—黏土；2—亚黏土；3—砂黏土；4—砂岩；5—砾岩；6—泥岩；7—灰岩；8—煤岩；

9—玢研；10—安山岩；11—玄武岩；12—砂砾岩；13—砂

赋存提供了良好的空间。同时博格达山水系河谷潜流，河水源源不断地转换补给，赋予北盆地丰富的潜水、承压水和小面积的自流水。

（1）北盆地上、中部深埋潜水区。北盆地上、中部有由北向南倾斜的山前卵砾石、砂砾石组成的冲洪积扇构成，地形坡度大于4‰。第四系沉积最厚在北盆地中部，由西向东存在3个沉降中心：西部煤窑沟以南、最大厚度大于1000m；中部连木沁北东，最大厚度大于700m；东部以鄯善火车站为中心，最大厚度大于600m。其余地区第四系沉积厚度均在100m以上。赋存着十分丰富的潜水。水位埋深大于30m，最深处大于200m。

（2）北盆地南缘绿洲带潜水、承压水、自流水区。该区位于火焰山北侧一线，由第四系冲洪积卵砾石、砂砾石、砂及黏性土层组成，沉积厚度50～100m。储存着丰富的潜水和小面积自流水。自流水主要分布在高昌区的亚尔乡、胜金乡的部分村落。在鄯善七克台镇的南部也有少量的自流水分布。潜水、承压水、自流水埋藏浅，水质好、水量丰富。沿火焰山北侧各构造缺口，有大量潜水溢出，形成一系列的泉水河，称为火焰山水系。

2. 南盆地地下水埋藏条件[92]

南盆地是一个以艾丁湖为中心的封闭盆地。沉积着数十米厚的第四系卵砾石、砂砾石、砂和黏性土层，艾丁湖区沉积着湖相盐渍土和芒砂盐层。自西向东存在两个沉降中心：西部以托克逊县城为中心，沉积厚度大于200m；东部在吐鲁番、鲁克沁一带，沉积厚度为200～700m。西部河谷潜流、河水及北部火焰山水系沟谷潜流和河水的补给，赋予南盆地较丰富的地下水。

根据地下水赋存和分布规律，将南盆地地下水，分为3个区：

（1）伊拉湖、托克逊区。该区位于南盆地西部、三面环山，呈簸箕形。白杨河、阿拉沟河等 6 条河流，发源于中高山区，直接注入南盆地。各河出山口处，沿积着以粗颗粒为主的冲洪积物，沉积厚度 100m 至 500 多 m。为地下水的赋存创造了良好的空间。加之阿拉沟河、白杨河水系的河谷潜流和河水源源补给，使该区有丰富的潜水、承压水和自流水，构成了南盆地地下水最富地段。

（2）高昌区城区、三堡、鲁克沁区。该区为火焰山山前倾斜平原，地形由北向南，向艾丁湖倾斜。第四系沉积厚度 200～700m。地下水赋存特征，受微地貌控制，呈现纵向和横向变化。纵向上由山前冲洪积扇顶部，以卵砾石层为主，过渡到艾丁湖一带以黏性土层为主；地下水由单一的潜水过渡到承压水、自流水；富水性由富到贫；潜水矿化度由大于 1g/L，过渡到大于 50g/L。在横向上受火焰山水系及吐鲁番构造缺口的控制，呈现横向差异；在冲洪积扇控制区，在三堡、吐峪沟、鲁克沁等地及高昌区城区一带，地下水赋存条件好，而在其冲积扇间凹地处，地下水赋存条件变差。

（3）托克逊干沟以东却勒塔格山前倾斜平原区。该区呈东西条带状，地势由南向北倾斜。第四系沉积以坡洪积碎石为主，沉积厚度小于 100m，西段南湖一带，沉积厚度大于 100m。该区虽有地下水赋存空间，却因南部山区降水稀少，而缺少补给源是南盆地地下水最贫区。

2.4.3　地下水补给、径流和排泄特征

1. 北盆地地下水补径排特征[92-93]

吐鲁番盆地地下水的补给可分为天然补给和地表水体转化补给以及地下水回归入渗补给等。北盆地山前侧向补给和平原区降水入渗补给构成了本区地下水的天然补给量。平原区的降水量少，对地下水的补给有限。而对地下水的补给作用较大的主要是通过地表水体入渗而产生的地下水转化补给量，即渠道引水及田间灌溉入渗对地下水的补给。另外，由于开发利用地下水进行农业灌溉所产生的渗漏补给，对本区的地下水也有一定的补给作用。

本区地下水的径流方向与地形坡降基本相同，地下水总的流向，北盆地地下水由北向南径流，在冲、洪扇中上部砂砾石含水层透水性强，地下水渗透系数大，向下地下水径流速度逐渐变缓，至冲洪积扇的扇缘，地层沉积颗粒较细，地下水径流条件较差。由于受第三系隆起的影响，在南湖、台孜、下巴格、胜金口等处都有构造缺口，部分地下水通过构造缺口径流至南湖戈壁滩或南盆地。水力坡度在鄯善县火车站铁路沿线为3‰，七克台镇以上 4km 变为 2‰。受火焰山第三系隆起的影响，在火焰山以北的扇缘地带形成承压水。

本区范围内地下水排泄项主要有潜水蒸发、泉水出露、侧向排泄和人工排泄。

地下水的潜水蒸发主要分布在火焰山及盐山以北的地下水浅埋区，呈东西向条带状分布。由于受火焰山等构造隆起阻水的影响，在火焰山的山前地带，南湖、台孜、下巴格、小东湖、连木沁的沟口、苏贝希的沟口及胜金口附近均有泉水出露，成为地下水排泄量的一部分。

吐鲁番盆地的泉大多分布在北部盆地，形成两条分布带。一条沿着山区和平原的交

界地带，另一条沿着火焰山-盐山的北缘分布。第一条泉群主要分布在托克逊县和吐鲁番市的山前，具有代表性的泉或泉群是大河沿河东侧的一碗泉和煤窑沟东侧的泉群。第二条泉群是由于地下水在到达吐鲁番盆地的地下水消耗区域—艾丁湖时被南北盆地间的不透水体的火焰山所阻隔，沿着火焰山的北缘溢出地表形成泉。在该盆地内平原区形成的大部分泉分布在吐鲁番市和鄯善县内。其中有代表性的是大草湖泉、柳树村泉、大头沟泉等。从泉中喷出的水沿着火焰山的构造切割带流动成为盆地内河流的水源，火焰山泉水对南盆地来说是非常珍贵的水资源[91]。

地下水的侧向排泄分两种形式，其一是在鄯善县城小东湖附近，通过下巴格、台孜、南湖构造缺口，以沟谷潜流的形式排到沙漠区；其二是南、北两个盆地的地下水通过连木沁沟、吐峪沟和柏树沟、胜金沟等产生水力联系。对南盆地来说，北盆地的三条沟谷的侧向流出量即为南盆地的侧向补给量。由于沟内第四纪覆盖层厚度不大，所以这几条沟谷的潜流量也较小。

地下水的人工排泄占本区排泄的主导地位，人工排泄方式主要为坎儿井、机电井开采两种方式。机电井的开采主要集中在盆地312国道附近的地下水浅埋区，但在鄯善县火车站一带及七克台镇南湖村一带，也有吐哈油田的集中开采区。坎儿井的开采主要在七克台镇、吐峪沟乡苏贝希村及胜金乡一。

吐鲁番盆地地下水补径排条件如图2.3所示。

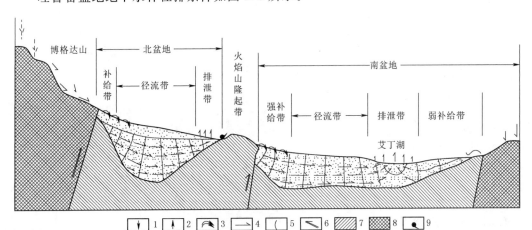

图2.3 吐鲁番盆地地下水补径排条件示意图[92]

1—大气降水；2—地下水蒸发；3—地表水入渗；4—地下水潜流；5—地下水等值线；
6—断层；7—隔水层；8—基岩；9—泉

2. 南盆地地下水补径排特征[92-93]

南盆地地下水主要有以下补给途径。

（1）托克逊县西部及南部的山前侧向补给。

（2）通过胜金口、吐峪、连木沁等沟谷潜流和盆地东侧的少量的侧向补给。

（3）引用地表水及田间灌溉所产生的渗漏补给。

（4）机井、坎儿井、泉水产生的入渗补给。

（5）平原区的降水入渗补给。

南盆地地下水径流方向与地形坡度方向基本相同，即由盆地四周靠近山丘区及沙漠区的地区，向低洼的艾丁湖方向径流。地下水的水力坡度随着高程的降低在逐渐变缓。鲁克沁镇以南、达浪坎以东区域，地下水水力坡度为 7‰，至吐峪沟乡以西为 3‰左右。从地下水的径流条件来看，靠山前地带相对较好，而向着湖心方向则逐渐变差。

南盆地地下水排泄项主要有潜水蒸发、侧向流出和人工排泄三部分组成。

潜水蒸发是潜水的主要排泄方式之一。南盆地细土平原地势低洼，大部均处于海平面以下，气候炎热，地下水位埋深越浅，其蒸发量越大，当地表植被发育时，其蒸发量又有明显的增加。承压水的主要排泄方式是径流排泄。盆地西部补给源丰富，地下水位高程较高，又具有一定的水力坡度，承压水便沿着水力坡度向东运动，以径流方式消耗。此外，还有部分承压水顶托补给上层潜水来进行消耗。

侧向流出是指向超采区外的艾丁湖方向侧向流出。

与北盆地相同，地下水的人工排泄也占了本区排泄的主导地位，排泄方式主要为坎儿井、机电井开采两种方式。

吐鲁番盆地地下水位标高等值线如图 2.4 所示。

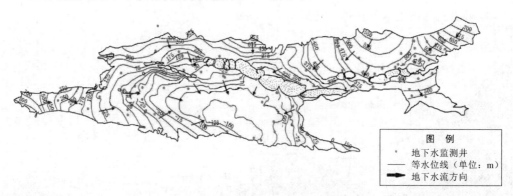

图 2.4 吐鲁番盆地地下水位标高等值线图

2.4.4 地下水水化学特征

从整体上看，北盆地地下水的水化学类型自上游向下，其类型由 HCO_3 型水向 SO_4 型水和 Cl 型水逐渐变化。在鄯善县火车站以西，七克台镇以北 4km 处向西延至鄯善县城一带、连木沁镇的汗墩、吐峪沟乡苏贝希村以北的大部分地区均为 HCO_3 型水，在汗墩以南为 SO_4 型水和 Cl 型水。在苏贝希村、克其克坎儿井以南沿火焰山山前分布有 SO_4 型水。在七克台镇和黄家坎儿井以东的地区，因补给条件较差，地下水化学类型为 Cl 型水，水质较差。

在南盆地，东部的鄯善县地下水化学类型由盆地东侧 HCO_3 型水向西逐变为 SO_4 型水和 Cl 型水，具有明显的分带性分布规律。沿鲁克沁镇—迪坎乡以西的大部分地区，地下水水质类型为 SO_4 型水和 Cl 型水，SO_4 型水主要分布在达浪坎和鲁克沁镇范围，

Cl 型水主要分布在吐峪沟乡和达浪坎以西的下游地区。中部高昌区的亚尔乡、葡萄乡、恰特喀勒乡、艾丁湖乡北部地下水水质较好，矿化度＜1g/L，为 SO₄ - Cl 或 Cl - SO₄ 型水；中部地带（即艾丁湖乡、恰特喀勒乡、二堡乡、三堡乡一带）地下水矿化度由 1～3g/L 渐变为 3～10g/L，水化学类型为 CO₃ - SO₄（Cl）型水；下游（即艾丁湖乡、恰特喀勒乡、二堡乡、三堡乡南部）一带水质较差，地下水矿化度为 10～50g/L，水化学类型为 SO₄ - Cl 或 Cl - SO₄ 型水，但大于 100m 深的机井其水质较好，说明垂向上也具有明显的分带性。西部的托克逊县，地下水矿化度由西向东逐渐增加。在依拉湖乡以西水质良好，矿化度较低，矿化度为 0.322～0.804g/L，水化学类型为 HCO₃ - Ca·Na 型水；进入平原细土带后，矿化度增高，到城区一带矿化度为 4.287g/L，水化学类型变为 Cl·CO₄ - Na 型水；由县城至宁下宫一带，潜水水质逐渐恶化，局部地下水矿化度达 11.89g/L，水化学类型为 Cl·CO₄ - Na 型水，这主要是由于地形变缓，岩性颗粒变细，地下水埋深变浅，蒸发作用变强，盐分逐渐聚集，使水中各种化学成分急剧增高，从而变成咸水。

2.5　水资源及其开发利用状况

2.5.1　水资源量及可利用量

吐鲁番市水资源总量为 12.60 亿 m³，其中：地表水资源量为 10.60 亿 m³（境内自产地表水资源量为 6.60 亿 m³，境外流入地表水资源量为 4.00 亿 m³），地下水资源量为 2.00 亿 m³（不重复量）。吐鲁番市水资源可利用量为 11.69 亿 m³，其中：地表水资源可利用量为 6.32 亿 m³，地下水资源可利用量为 5.94 亿 m³。吐鲁番市水资源量和水资源可利用量见表 2.1[94]。

表 2.1　　　　　　　　　吐鲁番市水资源量和水资源可利用量　　　　　　　单位：亿 m³/年

项　　目		合计	高昌区	鄯善县	托克逊县
区域水资源量	总量	12.60	4.28	3.03	5.29
	地表水资源量	10.60	3.60	2.45	4.55
	不重复地下水资源量	2.00	0.68	0.58	0.74
区域水资源可利用量	总量	11.69	4.54	3.58	3.58
	地表水资源可利用量	6.32	2.17	1.88	2.28
	地下水资源可利用量	5.94	2.02	1.70	2.22

注　1. 地下水资源可利用量不含入境地表水转化量。
　　2. 表中数据由吐鲁番地区水利局提供。

根据《艾丁湖流域生态保护治理规划》相关分析[86]，艾丁湖流域多年平均水资源总量为 11.10 亿 m³。其中地表水资源量为 9.27 亿 m³，地下水资源量为 5.44 亿 m³，地表水与地下水之间重复计算量为 3.61 亿 m³。根据艾丁湖流域地下水总补给量和可开采系数，得出现状条件下艾丁湖流域地下水可开采量为 6.04 亿 m³。吐鲁番市艾丁湖流域水资源量见表 2.2。

表 2.2　　　　　　　　吐鲁番市艾丁湖流域水资源量　　　　单位：亿 m³/年

区（县）	地表水资源量	地下水资源量	其中重复量	水资源总量
高昌区	3.25	1.82	1.12	3.95
鄯善县	2.43	1.70	1.10	3.03
托克逊县	3.59	1.92	1.39	4.12
合计	9.27	5.44	3.61	11.10

注　表中数据来源于《艾丁湖流域生态保护治理规划》（中国水利水电科学研究院，2014）。

吐鲁番市水资源呈现如下特征。

（1）总量和人均占有量较少。吐鲁番市水资源总量为 12.6 亿 m³，占全疆水资源量的 1.6%。全市人均占有水资源量 2016 m³，为全疆平均水平（3515 m³）的 57.35%，为全国平均水平（2100 m³）的 96%。

（2）时空分布不均。吐鲁番市可供开发利用的水量在空间分布上主要集中在中西部地区，由西到东逐渐减少，由北到南逐渐减少。在时间分布上各河道来水主要集中在 6—10 月，占地表水资源总量的 70% 以上，其他月份来水量占地表水资源总量不到 30%。

（3）入境水量比重较大。吐鲁番市入境水量为 4.0 亿 m³，占全市地表水资源量的 37.74%。

2.5.2　水利工程建设情况

1. 水库工程

截至 2015 年年底，全市已建成水库 13 座，设计总库容 9922.66 万 m³，其中：高昌区 7 座（中型水库 1 座），设计总库容 2154.06 万 m³；鄯善县 4 座（中型水库 2 座），设计总库容 2279.6 万 m³；托克逊县 2 座（中型水库 1 座），设计总库容 5489 万 m³。在建水库 5 座，设计总库容 11759 万 m³，其中：高昌区 2 座，鄯善县 2 座，托克逊县 1 座。吐鲁番市已建水库见表 2.3、在建水库见表 2.4。

表 2.3　　　　　　　　　　吐 鲁 番 市 已 建 水 库

区（县）	水库名称	所在位置	最大坝高/m	设计库容/万 m³	水库规模	建成时间
高昌区	葡萄沟水库	葡萄乡	38	1100	中型	1976 年
	雅尔乃孜水库	亚尔乡	28	463	小（1）型	1998 年
	胜金台水库	胜金乡	11.2	118.66	小（1）型	1960 年
	胜金口水库	胜金乡	12.2	182	小（1）型	1954 年
	洋沙水库	葡萄乡	11.95	110.4	小（1）型	1976 年
	上游水库	亚尔乡	10.6	72	小（2）型	1976 年
	大墩水库	艾丁湖乡	4	108	小（1）型	1961 年

续表

区（县）	水库名称	所在位置	最大坝高/m	设计库容/万 m³	水库规模	建成时间
鄯善县	柯柯亚水库	柯柯亚河出山口	41.5	1052	中型	1985 年
	坎尔其水库	坎尔其河出山口	51.3	1180	中型	2001 年
	连木沁八大队水库	连木沁镇	8	23.71	小（2）型	1982 年
	连木沁十大队水库	连木沁镇	5.5	23.89	小（2）型	1981 年
托克逊县	红山水库	克尔碱镇	无坝	5350	中型	1979 年
	托台水库	夏乡	6	139	小（1）型	1967 年
合计				9922.66		

注 表中数据由吐鲁番地区水利局提供。

表 2.4   吐 鲁 番 市 在 建 水 库

区（县）	水库名称	最大坝高/m	库容/万 m³	水库规模	坝　型
高昌区	大河沿水库	75	3024	中型	沥青混凝土心墙坝
	煤窑沟水库	44.8	980	小（1）型	钢筋混凝土面板坝
鄯善县	二塘水库	60	2360	中型	钢筋混凝土面板坝
	柯柯亚二库	27.1	945	小（1）型	沥青混凝土心墙坝
托克逊县	阿拉沟水库	105.26	4450	中型	沥青混凝土心墙坝
合计			11759		

注 表中数据由吐鲁番地区水利局提供。

2. 渠首工程

截至 2015 年年底，全市已建渠首 18 座，控灌面积 117.88 万亩，其中：高昌区 6 座，控灌面积 46 万亩；鄯善县 3 座，控灌面积 27.88 万亩；托克逊县 9 座，控灌面积 44 万亩。吐鲁番市河流引水渠首见表 2.5。

表 2.5   吐 鲁 番 市 河 流 引 水 渠 首

区（县）	渠首工程	所在位置	设计引水流量/(m³/s)	控灌面积/万亩
高昌区	红星渠首	大河沿河沟	4.00	4.00
	塔尔朗渠首	塔尔朗河中段	15.00	10.00
	人民渠首	煤窑沟河中段	20.00	22.00
	黑沟渠首	黑沟河中段	5.00	8.00
	恰勒坎渠首	恰勒坎河中段	1.00	0
	大草湖渠首	大草湖	1.00	2.00

区（县）	渠首工程	所在位置	设计引水流量 /(m³/s)	控灌面积 /万亩
鄯善县	二塘沟 0 闸渠首	二塘沟	12.00	25.88
	二塘沟 1 闸渠首	二塘沟	12.00	
	色尔克甫渠首	色尔克甫	1.00	2.00
托克逊县	阿拉沟渠首	阿拉沟口	11.00	17.00
	祖鲁木图渠首	祖鲁木图沟口	4.00	
	青年渠首	乌斯通沟口	4.00	3.00
	小草湖渠首	小草湖	8.00	
	巴依托海渠首	巴依托海	8.00	
	胜利渠首	红山口	8.00	10.00
	托台渠首	夏乡	8.00	7.00
	宁夏宫渠首	宁夏宫大队	3.00	7.00
	柯尔碱渠首	柯尔碱沟口	0.70	
合 计				117.88

注 表中数据由吐鲁番地区水利局提供。

3. 渠道工程

截至 2015 年年底，全市已建成干、支、斗、农四级渠道 6174.9km，防渗 4970.0km，防渗率 80.84%。其中：干渠 377.9km，已防渗 358.9km，防渗率 95%；支渠 587.9km，已防渗 549.0km，防渗率 93.4%；斗渠 1631.4km，已防渗 1385.1km，防渗率 84.9%；农渠 3577.6km，已防渗 2677.0km，防渗率 74.8%。吐鲁番市渠道工程见表 2.6。

表 2.6   吐鲁番市渠道工程统计   单位：km

区（县）	渠道长度	防渗长度	干渠		支渠		斗渠		农渠	
			渠道长度	防渗长度	渠道长度	防渗长度	渠道长度	防渗长度	渠道长度	防渗长度
高昌区	2488.1	2007.3	129.1	129.1	190.0	186.6	545.4	464.4	1623.6	1227.1
鄯善县	2377.8	2018.0	142.8	142.8	297.9	271.6	733.0	641.2	1204.0	962.4
托克逊县	1309.0	944.8	106.0	87.0	100.0	90.7	353.0	279.6	750.0	487.5
合计	6174.9	4970.0	377.9	358.9	587.9	549.0	1631.4	1385.1	3577.6	2677.0

注 吐鲁番地区渠道工程虽防渗率较高，但很多渠道已老化，渗漏损失较大。表中数据由吐鲁番地区水利局提供。

4. 机电井工程

截至 2015 年年底，全市共有机电井 6796 眼，其中高昌区 2203 眼，鄯善县 2901 眼，托克逊县 1692 眼。吐鲁番市机电井工程见表 2.7。

| 表 2.7 | 吐鲁番市机电井工程统计 | | 单位：眼 |

区（县）	截至 2015 年年底保有量		
	工业	农业	合计
高昌区	89	2114	2203
鄯善县	256	2645	2901
托克逊县	147	1545	1692
合　计	492	6304	6796

注 表中数据由吐鲁番地区水利局提供。

5. 坎儿井工程

1957 年，坎儿井数量达到最高峰为 1237 条，径流量达 5.626 亿 m^3。截至 2015 年年底，全市有水坎儿井为 214 条，其中：高昌区 134 条，鄯善县 77 条，托克逊县 27 条。

6. 节水工程

根据吐鲁番市 2010—2011 年所做的地籍普查数据结果，全市灌溉面积为 164.61 万亩，其中高昌区 61.25 万亩，鄯善县 57.72 万亩，托克逊县 45.64 万亩。全市已推广高效节水灌溉面积 58.6 万亩，其中：高昌区 24.3 万亩，鄯善县 27.1 万亩，托克逊县 7.2 万亩。

7. 防洪工程

截至 2015 年年底，全市已建成堤防工程 223.12km，其中：高昌区 102.79km，鄯善县 94.3km，托克逊县 26.03km。

2.5.3 水资源开发利用情况

据吐鲁番市水利部门统计，2019 年吐鲁番市艾丁湖流域供水总量 12.75 亿 m^3，由地表水、地下水及其他水源三部分供水组成。

地表水水源供水量：2019 年艾丁湖流域地表水供水量约为 6.39 亿 m^3，占供水总量的 50.2%。其中，高昌区、鄯善县、托克逊县地表水供水量分别为 1.89 亿 m^3、1.86 亿 m^3 和 2.64 亿 m^3，分别占地表水供水总量的 29.6%、29.1% 和 41.3%。

地下水水源供水量：2019 年艾丁湖流域地下水供水量约为 6.31 亿 m^3，占供水总量的 49.5%。其中，高昌区、鄯善县、托克逊县地下水供水量分别为 2.47 亿 m^3、2.22 亿 m^3 和 1.62 亿 m^3，分别占地下水供水总量的 39.2%、35.1% 和 25.7%。

其他水源供水量 0.05 亿 m^3，占全市供水总量的 0.3%。2019 年吐鲁番市艾丁湖流域供水量见表 2.8。

2019 年吐鲁番市艾丁湖流域用水总量为 12.75 亿 m^3。按用水类型划分，农业用水 10.74 亿 m^3，占总用水量的 84.2%；工业用水 0.43 亿 m^3，占总用水量的 3.4%；居民生活用水 0.50 亿 m^3，占总用水量的 3.9%；生态环境用水 1.08 亿 m^3，占总用水量的 8.5%。2019 年吐鲁番市艾丁湖流域用水量见表 2.9，2019 年艾丁湖流域分水源供水量、分行业用水量见图 2.5。

表 2.8　　　　　　　　　2019 年吐鲁番市艾丁湖流域供水量统计　　　　单位：亿 m³

区（县）	供 水 水 源			
	地表水	地下水	其他水源	小计
高昌区	1.89	2.47	0.03	4.39
鄯善县	1.86	2.22	0.01	4.09
托克逊县	2.64	1.62	0.01	4.27
全市	6.39	6.31	0.05	12.75

表 2.9　　　　　　　　　2019 年吐鲁番市艾丁湖流域用水量统计　　　　单位：亿 m³

区（县）	分 行 业 用 水 量				
	农业用水	工业用水	居民生活用水	生态环境用水	合计
高昌区	3.73	0.12	0.27	0.53	3.83
鄯善县	3.53	0.13	0.16	0.30	3.07
托克逊县	3.48	0.18	0.07	0.25	5.85
全市	10.74	0.43	0.50	1.08	12.75
占比/%	84.2	3.4	3.9	8.5	100

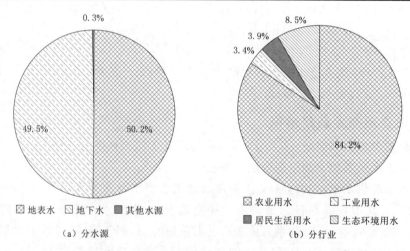

（a）分水源　　　　　　　　　　　　　（b）分行业

图 2.5　2019 年艾丁湖流域分水源供水量、分行业用水量统计

2.6　地下水资源量及其开发利用状况

2.6.1　地下水资源数量

2.6.1.1　水资源综合规划中的评价成果

根据 2004 年新疆水资源综合规划地下水资源调查与评价成果[96]，吐鲁番地区❶山

---

❶　2015 年之前，为"吐鲁番地区"，2015 年，撤销吐鲁番地区和县级吐鲁番市，设立地级吐鲁番市；原县级吐鲁番市改为高昌区；吐鲁番市辖原吐鲁番地区的鄯善县、托克逊县和新设立的高昌区。

丘区地下水资源量为 37892 万 m³。其中：河川基流量为 18692 万 m³，山前侧向流出量为 19200 万 m³。

吐鲁番地区平原区地下水总补给量为 82401 万 m³，其中降水入渗补给量 473 万 m³，山前侧向补给量 19200 万 m³，地表水体补给量 52118 万 m³，井灌回归补给量 10610 万 m³，分别占地下水总补给量的 0.57%、23.3%、63.3%、12.9%。扣除井灌回归重复量，地下水资源量为 71791 万 m³。平原区地下水可开采量为 54346 万 m³。

吐鲁番地区山丘区与平原区的地下水补给量成果见表 2.10 和表 2.11。

表 2.10　　　　　　　　吐鲁番地区山丘区地下水资源量

计算面积 /km²	河川基流量 /万 m³	山前侧向流 出量/万 m³	山前泉水溢 出量/万 m³	实际开采量 /万 m³	潜水蒸发量 /万 m³	总排泄量 /万 m³	地下水资源量 /万 m³
10007	18692	19200	0	0	0	37892	37892

注　表中数据来源于《新疆地下水资源调查与评价》（2004 年）。

表 2.11　　　　　　吐鲁番地区平原区地下水资源量及可开采量

计算面积 /km²	降水入渗补 给量/万 m³	山前侧向补 给量/万 m³	地表水体补给 量/万 m³	井灌回归补给 量/万 m³	地下水总补 给量/万 m³	地下水资源 量/万 m³	地下水可开 采量/万 m³
20536	473	19200	52118	10610	82401	71791	54346

注　表中数据来源于《新疆地下水资源调查与评价》（2004 年）。

2.6.1.2　各县（市）水资源综合规划中的评价成果

1. 吐鲁番市

根据《吐鲁番市水资源综合规划（报批稿）》中成果[97]，现状年（2009 年）吐鲁番市地下水补给量及可开采量见表 2.12，地下水总补给量为 21938 万 m³。考虑到吐鲁番市属于严重超采区，地下水开采系数可取 0.95～1.0。吐鲁番市现状年（2009 年）地下水可开采量 20570 万 m³。

表 2.12　　　　现状年（2009 年）吐鲁番市地下水补给量及可开采量　　　　单位：万 m³

流域分区	地下水补给量	可开采系数	可开采量
大河沿河区（Ⅰ区）	7890	0.94	7417
塔尔郎河区（Ⅱ区）	4838	0.94	4548
煤窑沟河区（Ⅲ区）	5838	0.94	5488
黑沟河区（Ⅳ区）	2057		1934
恰勒坎河区（Ⅴ区）	1315	0.90	1183
合计	21938		20570

注　表中数据来源于《吐鲁番市水资源综合规划（报批稿）》（2013 年）。

2. 鄯善县

根据《鄯善县水资源综合规划》中的成果[98]，现状年（2009 年）鄯善县地下水资源量及可开采量见表 2.13，地下水资源量为 16965 万 m³。鄯善县第四系覆盖层厚度较大，岩性以砂砾石为主，开采条件良好，地下水埋藏较深，根据《新疆吐鲁番地区鄯善县超采区划定报告》[99]，鄯善县属于严重超采区，地下水开采系数可取 0.95～1.0。现状年鄯善县地下水总补给量为 22065 万 m³，扣除重复量 5525 万 m³，地下水资源总量为 16965 万 m³，鄯善县现状年（2009 年）地下水可开采量 21208 万 m³。

表 2.13　　　　现状年（2009 年）鄯善县地下水资源量及可开采量　　　单位：万 m³

流域分区	地下水资源量	可开采量	流域分区	地下水资源量	可开采量
二塘沟	8414	14427	坎尔其以东	198	139
柯柯亚	5799	3960	合计	16965	21208
坎尔其	2554	2682			

注　表中数据来源于《鄯善县水资源综合规划》（2012 年）。

3. 托克逊县

根据《托克逊县水资源综合规划》中的成果[100]，托克逊县地下水补给量计算结果见表 2.14，托克逊县地下水总补给量为 25679 万 m³，扣除地下水回归补给量 4882 万 m³，托克逊县多年平均地下水资源量为 20796 万 m³，见表 2.15。

表 2.14　　　　　　　托克逊县地下水补给量计算结果　　　　　　单位：万 m³

计算分区	山前侧向补给量	河道渗漏补给量	渠系入渗补给量	田间灌溉入渗补给量	水库入渗补给量	井灌回归补给量	合计
白杨河区	3067	3283	2652	1221	556	2444	13222
阿拉沟区	2143	3973	1592	733	0	1594	10035
库米什镇	1046	530	0	9	0	845	2421
合计	6256	7786	4244	1955	556	4882	25679

注　表中数据来源于《托克逊县水资源综合规划》（2013 年）。

根据《全国水资源综合规划技术细则》中可开采系数的确定原则[101]，对于开采条件良好，特别是地下水埋藏较深、已造成水位持续下降的超采区，应选用较大的可开采系数，参考取值范围为 0.8～1.0；托克逊县第四系覆盖层厚度大，岩性以砂砾石为主，开采条件良好，且地下水已处于超采状态，确定托克逊县的地下水可开采系数为 0.8。根据托克逊县地下水总补给量和可开采系数，得出现状条件下全县地下水可开采量为 20543 万 m³。托克逊县地下水可开采量见表 2.15。

表 2.15　　　　　　托克逊县地下水资源量和可开采量　　　　　单位：万 m³

流域分区	地下水补给量	重复量	地下水资源量	可开采系数	可开采量
白杨河区	13222	2444	10779	0.8	10578
阿拉沟区	10035	1594	8442	0.8	8028
库米什镇	2421	845	1576	0.8	1937
合计	25679	4882	20796	—	20543

注　表中数据来源于《托克逊县水资源综合规划》（2013 年）。

2.6.1.3 地下水可开采量成果对比

由于评价时期、评价基础资料以及评价方法等不同，有可能造成地下水可开采量评价结果不同。至 2013 年，有关吐鲁番地区地下水可开采量的成果主要有 3 个（吐鲁番地区地下可开采量对比见表 2.16）：第一个是 2004 年新疆水资源综合规划调查评价时的成果，可开采量评价为 5.43 亿 m^3；第二个是于 2012 年和 2013 年完成的吐鲁番市、鄯善县、托克逊县水资源综合规划中的成果，地下水可开采量评价为 6.23 亿 m^3；第三个是吐鲁番市水利局提供的成果，地下水可开采量为 5.94 亿 m^3。

表 2.16 　　　　　　吐鲁番地区地下可开采量对比 　　　　　　单位：亿 m^3

来　　源	合计	吐鲁番市	鄯善县	托克逊县
水资源综合规划成果	5.43	2.04	1.55	1.84
县（市）规划成果	6.23	2.06	2.12	2.05
吐鲁番水利局提供	5.94	2.02	1.70	2.22

2.6.2　地下水水质状况

本次收集到吐鲁番市部分水厂水源地水质检测报告，检测项目主要有色度、嗅和味、pH 值、肉眼可见物、浑浊度、溶解性总固体、总硬度、硫酸盐、硝酸盐、氯化物、氰化物、氨氮、铁、锰、铜、锌、挥发酚、汞、砷、硒、镉、铬（六价）、铅、阴离子合成洗涤剂、耗氧量、总大肠菌落、耐热大肠菌群、菌落总数等 30 项。依据《地下水质量标准》（GB/T 14848—2017）标准限值划分地下水水质等级，高昌区胜金乡老水厂和托克逊县小草湖水厂的水质状况比较好，水质等级为Ⅲ类水；高昌区城乡一体化水厂和鄯善县七克台供水站、连木沁水厂水质相对较差，为Ⅳ类水，主要是菌落总数超标。吐鲁番市近年地下水水质状况见表 2.17。

表 2.17 　　　　　　吐鲁番市近年地下水水质状况统计表

区（县）	取水点	检测时间	水质等级	不合格项目
高昌区	城乡一体化水厂	2016 - 11 - 01	Ⅳ类	菌落总数超标
高昌区	胜金乡老水厂	2016 - 11 - 01	Ⅲ类	无
鄯善县	七克台供水站	2018 - 03 - 14	Ⅳ类	浑浊度、菌落总数超标
鄯善县	连木沁水厂	2017 - 07 - 20	Ⅳ类	菌落总数超标
托克逊县	小草湖水厂	2017 - 08 - 15	Ⅲ类	无

注　表中数据由吐鲁番市水利局提供。

2.6.3　近年地下水开采情况

多年以来吐鲁番市地下水的开采方式以机井开采、坎儿井开采和泉水的排泄利用为主，其中以机井开采为主要方式。2015 年吐鲁番市地下水分开采方式开采量见表 2.18 和图 2.6，2015 年以机井方式开采地下水量占全市地下水开采总量的 84% 左右。

表 2.18　　　　　　　　2015 年吐鲁番市地下水分开采方式开采量统计　　　　　单位：亿 m³

区（县）	分开采方式开采量			
	机井	坎儿井	泉水	合计
高昌区	2.27	0.26	0.44	2.97
鄯善县	2.33	0.37	0.08	2.78
托克逊县	2.00	0.11	0.01	2.12
合计	6.60	0.74	0.53	7.87
占比/%	84	9	7	100

注　表中数据来源于吐鲁番市水利局。

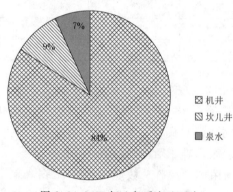

图 2.6　2015 年吐鲁番市地下水
分开采方式开采量统计

根据《新疆水资源公报》和吐鲁番市水利局提供的近 16 年供水量数据，分析吐鲁番市总供水量及地下水开采量的变化情势。近 16 年吐鲁番市供水组成及变化见表 2.19 和图 2.7。

近 16 年来，吐鲁番市总供水量基本稳定，2004—2012 年略微有增加，2012 年后逐渐减少，后 8 年比前 8 年总供水增加了 0.40 亿 m³。分水源而言，地表水供水量呈减少趋势，后 8 年比前 8 年减少供水 1.12 亿 m³。2004—2012 年地下水供水量呈增加趋势，2012 年后逐渐减少，后 8 年比前 8 年增加供水 1.52 亿 m³。

表 2.19　　　　　　　　近 16 年吐鲁番市供水组成及变化　　　　　　　　单位：亿 m³

年份	地表水供水量	地下水供水量	中水利用量	总供水量
2004	7.30	4.57	0.02	11.89
2005	6.50	5.71		12.21
2006	5.95	5.45		11.40
2007	6.98	5.43		12.41
2008	6.91	6.56		13.47
2009	6.19	6.91	0.03	13.13
2010	5.69	7.65	0.01	13.35
2011	5.12	8.42	0.01	13.55
2012	4.37	9.42		13.79
2013	4.13	9.29		13.42
2014	4.35	8.86		13.21

续表

年份	地表水供水量	地下水供水量	中水利用量	总供水量
2015	5.24	7.87		13.11
2016	5.28	7.55	0.02	12.85
2017	6.14	6.75	0.02	12.91
2018	5.80	6.80	0.03	12.62
2019	6.39	6.31	0.05	12.75
前8年平均值	6.33	6.34	0.02	12.68
后8年平均值	5.21	7.86	0.03	13.08

注　表中数据来源于2004—2011年《新疆水资源公报》；2012—2019年数据由吐鲁番市水利局提供。

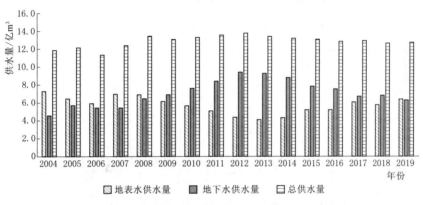

图 2.7　近 16 年吐鲁番市供水组成及变化统计图

从近 16 年吐鲁番市各区县地下水开采量可以看出，2004—2019 年高昌区、托克逊县、鄯善县的地下水开采量变化趋势大致相同，2004—2012 年逐渐增大，2012 年后又逐渐减小，2012 年各区县地下水开采量均达到最大值。近 16 年吐鲁番市各区县地下水开采量见表 2.20 及图 2.8。

表 2.20　　　　　　　近 16 年吐鲁番市各区县地下水开采量统计表　　　　　　单位：亿 m³

年份	高昌区	托克逊县	鄯善县	总计
2004	1.81	1.16	1.60	4.57
2005	2.26	1.45	2.00	5.71
2006	2.16	1.39	1.90	5.45
2007	2.15	1.38	1.90	5.43
2008	2.60	1.67	2.29	6.56
2009	2.73	1.76	2.42	6.91

续表

年份	高昌区	托克逊县	鄯善县	总计
2010	3.03	1.95	2.67	7.65
2011	3.33	2.14	2.95	8.42
2012	3.89	2.24	3.29	9.42
2013	3.72	2.28	3.29	9.29
2014	3.50	2.34	3.02	8.86
2015	2.97	2.12	2.78	7.87
2016	2.96	1.94	2.65	7.55
2017	2.61	1.63	2.51	6.75
2018	2.66	1.62	2.50	6.78
2019	2.47	1.62	2.22	6.31

注 表中数据由吐鲁番市水利局提供。

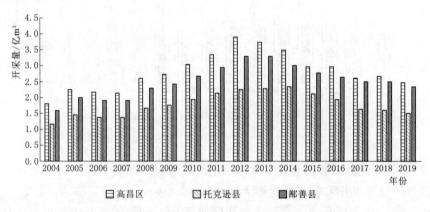

图 2.8 近 16 年吐鲁番市各区县地下水开采量变化图

2.6.4 坎儿井发展现状

"坎儿井"是维吾尔语 karez 的音义,这是我国新疆聪明智慧的各族人民根据本地气候、水文特点创造出来的一种特殊的地下水利工程。坎儿井是在第四纪地层中,自流引取地下水的一项古老水利工程设施。坎儿井由人工开挖的竖井、具有一定纵坡的暗渠、地面输水的明渠和储水用的涝坝组成。

根据坎儿井所处位置和吐鲁番市对地下水资源开发利用的层次不同分为三个区:第一区坎儿井分布在火焰山以北灌区的上游地下水补给十分丰富的山溪河流摆动带上;第二区坎儿井分布在火焰山以南的冲积扇灌区上缘;第三区坎儿井群分布在火焰山南灌区的下游地带。

吐鲁番盆地有水坎儿井在 1957 年时数量最多,为 1237 条;2003 年减少至 404 条,总长度为 3488.5km（暗渠和明渠），总出水量约 7.353m³/s，年径流量 2.32 亿 m³，日灌溉面积 7352 亩，整个地区坎儿井控制灌溉面积 13.23 万亩，坎儿井最大出水量为 244.8L/s；2009 年迅速下降至 269 条，截至 2015 年年底，全市有水坎儿井为 214 条，其中：高昌区 134 条、鄯善县 77 条、托克逊县 27 条[102]。坎儿井的减少速度之快，令人担忧。

吐鲁番坎儿井集一项伟大的地下水利工程和极高人文价值的文化遗产于一身，吐鲁番绿洲的形成和农业文明与坎儿井是分不开的，直到现在坎儿井依然在为吐鲁番盆地的农业生产和人民生活发挥着极其重要的作用。不仅如此，坎儿井还渗透到吐鲁番盆地的社会、经济文化各方面，形成了独特的文化现象，因此坎儿井的保护工作势在必行。

2.6.5 地下水开发利用中存在的问题

1. 地下水超采严重，地下水水位持续下降

吐鲁番盆地从 20 世纪 80 年代中后期开始大量开采地下水，近年的地下水利用量为 8 亿 m³ 左右，而地下水资源可利用量为 6.04 亿 m³，地下水超采量达 2 亿 m³。导致部分区域出现地下水水位大幅度下降，在高昌区、鄯善县、托克逊县均形成了地下水超采区，尤其是鄯善县和高昌区地下水超采区基本上覆盖了所有的乡镇灌区。

根据《2016 年吐鲁番浅层地下水动态年报》[103]，吐鲁番市监测区地下水年均降幅大于 0m 的面积为 3073.5km²，占监测区总面积的 89.3%。其中：2429.9km² 区域为一般超采区，643.6km² 区域为严重超采区，其余 369.3km² 部分不属于超采区，所以，吐鲁番市总体上可确定为大型地下水超采区。

高昌区监测区中面积约 1171.5km² 的区域属地下水超采区，其中 698.7km² 的范围为一般超采区、472.8km² 的范围为严重超采区，分别占高昌区监测区总面积的 50.1%、33.9%，严重超采区主要分布在恰特卡勒乡以东至三堡乡曼古布拉克村区间（主要是喀拉霍加村一带）。该监测区地下水水位年均降幅均在 1m 以上，说明该地区地下水采补极不平衡。因此，高昌区地下水超采区总体上可确定为大型超采区。

鄯善县监测区中面积约 1208km² 的区域属地下水超采区，占鄯善县监测区总面积的 89.4%，其中面积约 1037.2km² 的范围为一般超采区、170.8km² 的范围为严重超采区，分别占鄯善县超采区面积的 76.8%、12.6%。严重超采区主要分布在吐峪沟乡的北部区域（主要是吐峪沟英买里一带），该监测区地下水水位年均下降速率均在 1m 以上。因此，鄯善县地下水超采区总体上可确定为大型超采区。

托克逊县监测区中面积约 694km² 的区域属地下水一般超采区，占托克逊县监测区总面积的 99.5%。托克逊县监测区的除了夏乡北部靠县城区周围不属于地下水超采区外，其余区域均属于一般超采区，该监测区地下水水位年均下降速率 1m 以下。因此，托克逊县地下水超采区总体上可确定为小型超采区。

2016 年吐鲁番监控区地下水动态类型分区如图 2.9 所示，2016 年吐鲁番监控区范围内超采区分布情况如图 2.10 所示。

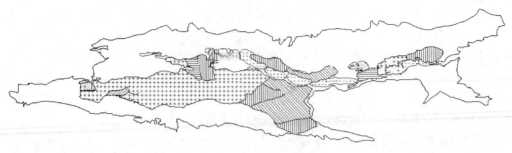

图 2.9　2016 年吐鲁番监控区地下水动态类型分区图

（根据参考文献［103］绘制）

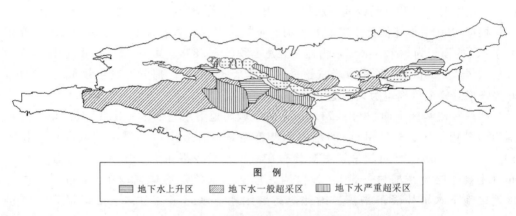

图 2.10　2016 年吐鲁番监控区地下水超采区分布图

（根据参考文献［103］绘制）

2. 由于地下水超量开采，导致坎儿井干涸的数量不断增加

坎儿井是与引水暗渠相连接而成的集水暗渠系统，自古以来对鲁番绿洲的形成以及存续发挥了重要的作用。过去，坎儿井在吐鲁番地区是人工创造唯一水利设施，被称为"吐鲁番生命的源泉"。

但是，从 20 世纪 70 年代开始，由于地下水的开发，在吐鲁番盆地地下水资源利用量中，坎儿井利用的比例显著减少，而且多数坎儿井干涸，坎儿井的存续成了问题。1957 年，坎儿井数量达到最高峰为 1237 条，径流量达 5.626 亿 m³。到 2003 年为止吐鲁番盆地能够利用的坎儿井有 420 条。到 2004 年日本 JICA 项目调查期间，吐鲁番盆地内有可以测流量的坎儿井 331 条。截至 2015 年年底，全市有水坎儿井仅 214 条。

第 3 章
吐鲁番盆地绿洲湿地演变特征分析

本章对吐鲁番盆地生态功能、天然绿洲植被空间分布格局与地下水位埋深之间的关系进行分析。根据近 30 年四期土地利用遥感影像数据，构建了土地类型转移矩阵，分析了吐鲁番盆地土地利用变化特征、天然植被分布以及与天然植被发生相互转移的土地类型。根据实地调查并结合相关资料，分析了吐鲁番盆地尾闾湖泊湿地植被，以及艾丁湖水面面积变化特征。

3.1 吐鲁番盆地生态功能

3.1.1 生态功能特征

我国西北干旱区位于亚欧大陆腹地，降水稀少、光热有余，水热因素协调失衡，从而制约这一区域植被的繁衍。吐鲁番市年均降水量 16mm，蒸发强烈，自然植被稀疏、生物多样性贫乏。在这样的条件下，干旱荒漠生态系统极为脆弱。

根据《新疆生态功能区划》[104] 和《吐鲁番地区城镇体系规划（2012—2030 年）》[105]，吐鲁番市由北至南划分了 5 个生态区：天山南坡东段土壤侵蚀敏感生态功能区、吐鲁番盆地绿洲特色农业与旅游生态功能区、觉洛塔格-库鲁克塔格山矿业开发植被保护生态功能区、吐鲁番盆地绿洲外围防风固沙、油气勘探开发环境保护生态功能区和嘎顺-南湖戈壁荒漠风蚀敏感生态功能区。

人类活动主要在天山南坡东段土壤侵蚀敏感生态功能区和吐鲁番盆地绿洲特色农业与旅游生态功能区两个区。其中天山南坡东段土壤侵蚀敏感生态功能区主要保护目标是保护草地、河谷林和山地林，其主要生态环境问题是草原过牧退化、土壤侵蚀；吐鲁番盆地绿洲特色农业与旅游生态功能区主要保护目标是保护文物古迹、坎儿井、农田、荒漠植被和砾幕，其主要生态环境问题是水资源短缺、地下水超采、风沙灾害严重、干热风多。

3.1.2 天然绿洲地表植被的分区域状况

吐鲁番盆地地貌类型复杂，而不同地貌类型中因堆积环境、地形和水文气象条件的差异，使影响植被生存的土壤类型、水分、盐分等地下水环境条件呈现出高度的空间异质性特点，受其控制，植被形成了独特分带格局。根据张晓等[106]、热比亚木·买买提等[107]对吐鲁番绿洲区的植被特征研究，可得出吐鲁番盆地植被发育演替主要有以下三种模式。

（1）在冲洪积扇的顶部、中上部，地层岩性多为砂砾石，地下水埋藏深度大于30m，土壤含水量依靠洪水和降雨贡献。在这一地段，植被多为耐旱物种，从生长多种植被（梭梭、柽柳、盐穗木、花花柴、刺山柑、翼果霸王等）演替为生长花花柴、刺山柑、翼果霸王的演替模式。

（2）在冲洪积扇的中下部，地层岩性多为砂、粉土，地下水埋藏深度为10～30m，土壤含水量依靠降雨和少量地下水贡献。在这一地段，植被多为耐旱、耐盐碱物种，从生长芦苇、骆驼刺、白刺的生物群落演替为生长单一骆驼刺的演替模式。

（3）在冲洪积扇的下部以至艾丁湖干湖区，地层岩性多为粉土、黏土、粉砂，地下水埋藏深度小于10m地区，土壤含水量主要依靠地下水贡献。在这一地段，植被多为耐盐碱物种，从生长芦苇、盐穗木、柽柳演替为只生长盐穗木或柽柳的演替模式。艾丁湖流域吐鲁番盆地植被分布如图3.1所示。

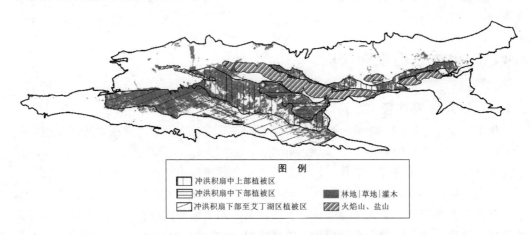

图3.1　艾丁湖流域吐鲁番盆地植被分布示意图

3.1.3　地表植被、土壤的变化与现状情况

1. 植被

通过类比与吐鲁番绿洲条件类似的西北内陆干旱区关于地下水位埋深的数据，包括塔里木河中下游地区、黑河流域下游、甘肃疏勒河流域下游、石羊河流域，针对存在的主要植被种属，可以得出吐鲁番绿洲天然植被适宜生长的潜水埋深范围。

根据张晓在《吐鲁番盆地地下水与植被的关系研究》[106]中的研究，当地下水位埋深小于2.0m时，低湿地植被占比大于70%，水位埋深在2.0m以内变化时，会出现低湿地植被群系的演替，但仍会保持低湿地植被的格局。水位埋深大于2.0m后，会出现低湿地的萎缩与低湿地植被的退化。因此，2.0m的水位埋深界线称为低湿地植被退化的警戒水位。水位埋深介于2.0～3.5m时，属低湿地植被区与耐旱、耐盐植被的过渡地带，随水位埋深的增加，低湿地植被比重渐次降低，耐旱、耐盐的地带性植被比重增加，并出现中生植被。水位埋深大于 2.5m 后，会出现低湿地植被的渐次消失，因此 2.5m 的水位埋深界线称为低湿地植被消失的警戒水位。水位埋深大于 2.5m 时，低湿地植被将消失，与地下水埋深关系不是很密切的耐旱、耐盐植被是非敏感区内的优势植被，耐旱、耐盐的地带性植被比重也会随水位埋深增加而增大。

根据赵恒山等在《吐鲁番绿洲水资源利用与生态系统响应关系研究》[108] 中的发现，从沿吐鲁番艾丁湖盐场公路的植物剖面可以清晰显示植被演替规律。吐鲁番绿洲主要植被种类有柽柳、梭梭、刺山柑、芦苇、骆驼刺、花花柴、胡杨、沙拐枣等，对于主要由它们组成的植物群落来说，吐鲁番盆地植物群落呈生长良好状态的潜水埋深适宜范围是 3~4m，植物群落生长出现稀疏衰败状态的潜水埋深临界范围是 5~6m。

2. 土壤

艾丁湖湖区土壤以盐化草甸、盐化沼泽土为主。艾丁湖东北部出现沙漠化退化。在艾丁湖北部和西部灌丛沙堆进一步发展，流沙裸露面积增大。从变化趋势以及发展的区域、方向来看，沙漠化的演变主要是对前期已有零碎小片沙漠的连接和整合，逐渐表现出成片的趋势，同时，土壤沙化沿艾丁湖东西方向有向西推进的趋势。在南北方向上，其演变并不是很剧烈，总体是沙漠化向良性方向转变。

3.2 吐鲁番盆地土地利用变化分析

土地利用变化是全球变化研究的热点之一，区域尺度土地利用与覆被变化可引起人类赖以生存的生态环境变化，是区域生态环境变化的一个重要因素。国内外学者对区域土地利用与覆被变化与区域气候、水文、土壤养分及生物多样性等生态环境单一要素影响的研究较为广泛，近年来日渐丰富的土地利用生态环境效应综合研究，则更好地定量揭示了土地利用对生态环境质量的影响。绿洲作为干旱区独特的生态系统，其土地利用与覆被变化对环境影响显著。研究绿洲区域土地利用变化的生态环境效应对绿洲可持续发展具有重要意义。吐鲁番绿洲分布于自然环境十分脆弱的吐鲁番盆地，随着经济的发展及人口快速增长，人地矛盾加剧，环境问题日益凸显。因此，迫切需要对吐鲁番盆地土地利用、覆被变化进行研究并揭示其生态环境效应，深入分析吐鲁番环境的演变机理，以便采取合理的可持续利用和管理对策，为吐鲁番可持续发展提供科学依据。

3.2.1 土地利用总体变化

艾丁湖流域吐鲁番盆地 1990 年、2000 年、2014 年和 2020 年 4 个时期的土地利用 TM 遥感影像数据源，其中前 3 期数据源自资源环境科学与数据中心、2020 年数据下载自 GLOBELAND 30 网站。按照耕地、林地、草地、水域、城乡及居民用地、未利用土地分类体系，应用 ArcGIS 10.4 将吐鲁番盆地 1990 年、2000 年、2014 年和 2020 年各期土地利用数据进行分类规整，得到相同土地分类体系下的土地利用数据库，对 4

个时期的土地利用变化进行分析。

1. 1990—2020 年土地利用变化比较

吐鲁番盆地 1990 年、2000 年、2014 年及 2020 年 4 个时期各种土地类型的面积及变化比例见表 3.1，4 个时期的土地利用面积变化如图 3.2 所示，四个时期的土地利用现状如图 3.3～图 3.6 所示。

表 3.1　　　　　　　　吐鲁番盆地 4 个时期土地利用面积统计

时　期	草地 /km²	城乡及居民用地 /km²	耕地 /km²	林地 /km²	水域 /km²	未利用土地 /km²
1990 年	1120.35	105.28	818.00	127.73	4.08	9628.91
2000 年	1079.72	215.10	871.42	110.56	3.52	9524.03
2014 年	1458.40	286.62	1276.68	24.01	5.26	8753.38
2020 年	1762.93	318.84	1331.43	19.19	3.91	8368.05
1990 年和 2020 年面积变化百分比/%	57.36	202.85	62.77	−84.98	−4.17	−13.09

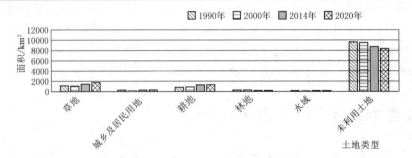

图 3.2　艾丁湖流域吐鲁番盆地土地利用变化（1990—2020 年）

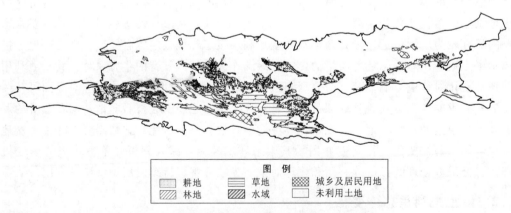

图 3.3　1990 年艾丁湖流域吐鲁番盆地土地利用

1990—2020 年间，吐鲁番盆地土地利用类型变化主要特点是：草地、城乡及居民用地、耕地面积显著增加，林地及未利用土地减少较大。草地、城乡及居民用地、耕地增加面积分别为 642.58km²、213.56km²、513.43km²；林地、未利用土地减少面积分别为 108.54km²、1260.86km²。

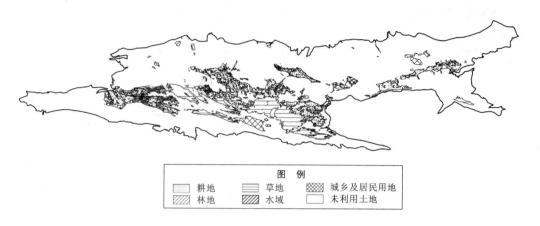

图 3.4　2000 年艾丁湖流域吐鲁番盆地土地利用

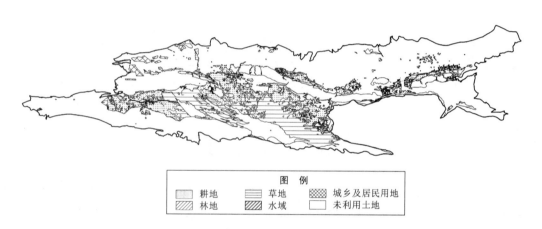

图 3.5　2014 年艾丁湖流域吐鲁番盆地土地利用

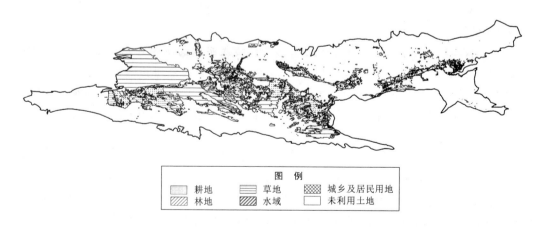

图 3.6　2020 年艾丁湖流域吐鲁番盆地土地利用

吐鲁番盆地 1990—2020 年土地利用变化转移矩阵见表 3.2，各类型土地转移变化情况如下。

（1）草地、城乡及居民用地、耕地均有所增加，林地、水域、未利用土地的面积减少。

表 3.2　　　　　　吐鲁番盆地 1990—2020 年土地利用变化转移矩阵　　　　单位：km²

土地类型	草地	城乡及居民用地	耕地	林地	水域	未利用土地	1990 年面积总计	转出
草地	531.91	25.46	242.38	10.99	0.57	309.04	1120.35	588.44
城乡及居民用地	5.24	51.51	22.88	0.81	0.00	24.84	105.28	53.77
耕地	47.87	66.09	688.26	4.90	0.67	10.21	818.00	129.74
林地	17.81	10.30	92.34	1.40	0.09	5.79	127.73	126.33
水域	0.70	0.34	1.46		0.39	1.19	4.08	3.69
未利用土地	1159.40	165.14	284.11	1.09	2.19	8016.98	9628.91	1611.93
2020 年面积总计	1762.93	318.84	1331.43	19.19	3.91	8368.05	11804.35	
转入	1231.02	267.33	643.17	17.79	3.52	351.07		

（2）草地面积增大 642.58km²，占初始草地面积的 57.36%，贡献最大的为未利用土地，转变面积为 1159.4km²，主要转出方向为耕地及未利用土地，转出面积分别为 242.38km²、309.04km²。变化主要集中在托克逊县、高昌区的艾丁湖乡、恰特喀勒乡、鄯善县的达郎坎乡，主要原因是吐鲁番市农业的发展，积极推进吐鲁番地区的生态文明建设，扩大植被覆盖面积。

（3）城乡及居民用地增加 213.56km²，占初始面积的 202.85%，各类景观均有转入量，转入量较大的有未利用土地、耕地及草地，转入面积分别为 165.14km²、66.09km²、25.46km²；转出方向主要为耕地及未利用土地；转出面积分别为 22.88km²、24.84km²。变化主要集中在托克逊县、夏乡、高昌区的大河沿镇、221 团、葡萄乡、鄯善县的连木沁镇、辟展乡、火车站镇，与吐鲁番地区人口的增长以及城镇化提高有直接关系。

（4）耕地面积增加占初始面积的 62.77%，转入耕地的主要为草地及未利用土地，转入面积分别为 242.38km²、284.11km²；转出方向主要为草地和城乡及居民用地，转出面积为 47.87km²、66.09km²，分别占转出面积的 36.90%、50.94%。耕地变化主要集中在夏乡、葡萄乡、二堡乡和胜金乡，主要原因是吐鲁番市大力发展农业经济，林果业发展迅速。

（5）林地面积减少 108.54km²，占初始面积的 84.98%，转入来源主要为草地（10.99km²），占转入面积的 61.78%；转出方向主要为耕地（92.34km²），占转出面积的 73.09%。林地变化主要集中在托克逊县、夏乡、二堡乡、鄯善县，主要原因是当地经济发展及农业发展的需要，林地在人口聚集地区部分转化为耕地。

（6）水域面积减少较小，占初始面积的 4.17%，转出方向主要为未利用土地及耕地，转出面积分别为 1.19km²、1.46km²；主要转入来源为未利用土地（2.19km²），占总转入面积的 62.22%。水域面积的减少使得艾丁湖区水面面积明显萎缩，应该加强对吐鲁番地区水资源的保护。

（7）未利用土地面积减少量为 1260.86km²，占初始面积的 13.09%，转入量较大的为草地，转入面积为 309.04km²，占转入面积的 88.03%；转出方向也主要为草地，转出面积为 1159.4km²，占总转出面积的 71.93%。总体来说转出面积较大，表明近年来吐鲁番盆地土地利用程度增加，减少了土地荒漠化范围。

2. 1990 年和 2000 年土地利用变化比较

吐鲁番盆地 1990—2000 年土地利用变化转移矩阵见表 3.3、1990—2000 年土地利用面积变化见表 3.4。

表 3.3　　　　　　吐鲁番盆地 1990—2000 年土地利用变化转移矩阵　　　　　单位：km²

土地类型	草地	城乡及居民用地	耕地	林地	水域	未利用土地	1990 年面积总计	转出
草地	1041.73	0.42	63.45	5.12	0.16	9.47	1120.35	78.62
城乡及居民用地	0.61	95.95	6.34	0.37	0.00	2.01	105.28	9.33
耕地	28.60	13.35	760.43	0.81	0.17	14.64	818.00	57.57
林地	2.00	0.65	21.04	101.12	0.10	2.82	127.73	26.61
水域	0.03	0.01	0.95	0.00	2.99	0.10	4.08	1.09
未利用土地	6.75	104.72	19.21	3.14	0.10	9494.99	9628.91	133.92
2000 年面积总计	1079.72	215.10	871.42	110.56	3.52	9524.03	11804.35	
转入	37.99	119.15	110.99	9.44	0.53	29.04		

表 3.4　　　　　　　　吐鲁番盆地 1990—2000 年土地利用面积变化

时　　期	草地 /km²	城乡及居民用地/km²	耕地 /km²	林地 /km²	水域 /km²	未利用土地 /km²
1990 年	1120.35	105.28	818.00	127.73	4.08	9628.91
2000 年	1079.72	215.10	871.42	110.56	3.52	9524.03
面积变化百分比/%	−3.63	104.31	6.53	−13.44	−13.73	−1.09

1990—2000 年间，吐鲁番盆地土地利用类型变化主要特点是：城乡及居民用地面积大幅增加、耕地面积小幅增加，林地、草地面积减少。城乡及居民用地、耕地面积分别增加了 109.82km²、53.42km²，林地、草地面积分别减少了 17.17km²、40.63km²。

各类型土地转移变化情况如下。

（1）城乡及居民用地、耕地面积均有所增加，其中，城乡及居民面积增加较多；草地、林地、水域、未利用土地的面积下降。

（2）草地面积减少 40.63km²，占初始草地面积的 3.63%，转出方向主要为耕地和未利用土地，转变面积分别为 63.45km²、9.47km²，其中耕地占 80.70%；转变为草地的主要有耕地和未利用土地等，共转变 35.35km²。变化主要集中在夏乡、恰特喀勒乡、胜金乡、二堡乡等，主要是城市发展及农业发展的需要。

（3）城乡及居民用地增加面积占初始面积的104.31%，增加面积较大，贡献最大的为未利用土地，转变面积为104.72km²，其次为耕地，转变面积为13.35km²；城乡及居民用地转出的主要方向为耕地，占总转出面积的67.95%，其次是未利用土地，占总转出面积的21.54%，但总的来说转入的城乡及居民用地面积远大于转出的面积。变化主要集中在吐峪沟乡、托克逊县及恰特喀勒乡，与吐鲁番人口增长及城镇化率提高有直接关系。

（4）耕地用地增加面积为53.42km²，占初始面积的6.53%，贡献最大的为草地，转变面积为63.45km²，占总转入面积的57.17%，未利用土地转入面积占17.31%；耕地用地转出的主要方向为草地，占总转出面积的49.68%，其次为未利用土地和城乡及居民用地，分别占25.43%、23.19%。变化主要集中在托克逊县、吐鲁番市区、鲁克沁镇、恰特喀勒乡等，主要因为随着人口的增长，吐鲁番盆地大力开垦新耕地，发展林果业，促进农业的发展。

（5）林地面积减少17.17km²，转出主要方向为耕地，转出面积为21.04km²，占总转出面积的79.07%；转入林地的主要是草地和未利用土地，分别占总转入面积的54.24%、33.26%。林地变化主要集中在红柳园艺场、亚尔乡、葡萄乡、吐峪沟，这些地区土地用地类型向林地转化较多。

（6）水域面积有所减小，减小幅度不大为0.56km²，为初始面积的13.73%。转出方向主要为耕地，占总转出面积的87.16%；转入来源面积占比较均匀，耕地、草地、林地及未利用土地转入面积分别占总转入面积的32.08%、30.19%、18.87%及18.87%。这一时期吐鲁番盆地内水域面积受城市发展建设及农业发展影响有减少趋势，减小幅度不大，但应受到重视。

（7）未利用土地面积减少不明显，占初始面积的1.09%，转出方向主要为城乡及居民用地（104.72km²），占总转出面积的78.20%；转入未利用土地的类型主要为耕地和草地，占总转出面积的50.41%和32.61%。未利用地主要转为城乡及居民用地，表明吐鲁番盆地的土地利用程度提高，城市发展较快。

3. 2000年和2014年土地利用变化比较

吐鲁番盆地2000—2014年土地利用变化转移矩阵见表3.5、2000—2014年土地利用面积变化见表3.6。

表3.5　　　　　吐鲁番盆地2000—2014年土地利用变化转移矩阵　　　　单位：km²

土地类型	草地	城乡及居民用地	耕地	林地	水域	未利用土地	2000年面积总计	转出
草地	757.72	16.55	192.32	11.81	0.90	100.42	1079.72	322.00
城乡及居民用地	5.93	60.98	30.05	0.28	0.23	117.63	215.10	154.12
耕地	61.16	34.01	758.61	4.37	1.04	12.23	871.42	112.81
林地	11.99	4.59	80.97	3.47	0.03	9.51	110.56	107.09
水域	0.09	0.00	1.16	0.00	0.90	1.37	3.52	2.62

土地类型	草地	城乡及居民用地	耕地	林地	水域	未利用土地	2000年面积总计	转出
未利用土地	621.51	170.49	213.57	4.08	2.16	8512.22	9524.03	1011.81
2014年面积总计	1458.40	286.62	1276.68	24.01	5.26	8753.38	11804.35	
转入	700.68	225.64	518.07	20.54	4.36	241.16		

表 3.6 　　　　　　　　吐鲁番盆地 2000—2014 年土地利用面积变化

时　　期	草地 /km²	城乡及居民用地/km²	耕地 /km²	林地 /km²	水域 /km²	未利用土地 /km²
2000年	1079.72	215.10	871.42	110.56	3.52	9524.03
2014年	1458.40	286.62	1276.68	24.01	5.26	8753.38
面积变化百分比/%	35.07	33.25	46.51	−78.28	49.43	−8.09

2000—2014 年间，吐鲁番盆地土地利用类型变化主要特点是：林地大面积减少，草地、城乡及居民用地、耕地面积显著增加。林地面积减少 86.55km²，未利用土地面积减少 770.65km²，草地、城乡及居民用地、耕地面积分别增加了 378.68km²、71.52km²、405.26km²。

各类型土地转移变化情况如下。

(1) 草地、城乡及居民用地、耕地、水域面积均有所增加，林地、未利用土地的面积减少。

(2) 草地面积增大 378.68km²，占初始草地面积的 35.07%，主要转变方向为耕地和未利用土地，转变面积分别为 192.32km²、100.42km²，转变为草地的主要有耕地和未利用土地等，共转变 682.67km²。变化主要集中在托克逊县的夏乡和郭勒布依乡、高昌区的恰特喀勒乡以及鄯善县的二堡乡、迪坎乡、七克台镇，主要原因是农业发展的需要，积极推进生态文明，加强防护林建设。

(3) 城乡及居民用地增加面积占初始面积的 33.25%，贡献最大的为未利用土地，转变面积为 170.49km²；城乡及居民用地面积转出的主要方向为未利用土地，占总转出面积的 76.32%，但总体来说由未利用土地转入城乡及居民用地面积大于转出到未利用土地的面积。变化主要集中在托克逊县的夏乡和郭勒布依乡、高昌区的葡萄乡，与吐鲁番人口增长及城镇化率提高有直接关系。

(4) 耕地面积增加也比较大，各类景观都有耕地转入量，转入量较大的有未利用土地、草地、林地，转入面积分别为 213.57km²、192.32km²、80.97km²；耕地转出的土地利用类型主要有草地和城乡及居民用地，分别占转出量的 54.22%、30.15%。变化主要集中在托克逊县的夏乡和郭勒布依乡、高昌区的恰特喀勒乡和葡萄乡以及鄯善县的二堡乡、吐峪沟、七克台镇，主要因为随着人口的增长，吐鲁番盆地近年来不断开垦新耕地，发展林果业，促进农业的发展。

(5) 林地面积减小 86.55km²，转出方向主要为耕地，转出面积为 80.97km²；转入林地的主要是草地，面积为 11.81km²。林地变化主要集中在高昌区的葡萄乡和恰特喀勒乡，由于农业发展的需要，人口聚集的地区部分林地逐渐变为耕地。

（6）水域增大面积较小，由于水域本身面积较小，故增加的百分比较大，占初始面积的 49.43%，转出方向最大为未利用土地，其次为耕地，转出面积分别为 1.37km²、1.16km²；主要转入来源为耕地和未利用土地，转入面积分别为 1.04km²、2.16km²。吐鲁番盆地内各河流最终汇入艾丁湖，艾丁湖区水面面积大幅减少，湖泊面积发生明显萎缩，需加强对湖区的保护。

（7）未利用土地面积有不明显的减少（减少面积百分比 8.09%），转出方向大部分为草地（621.51km²），占总转出面积的 61.43%；转入未利用土地的类型主要是城乡及居民用地（117.63km²）。未利用地主要转为草地，表明吐鲁番盆地的土地利用程度提高，减缓了沙漠化进程。

4. 2014 年和 2020 年土地利用变化比较

吐鲁番盆地 2014—2020 年土地利用变化转移矩阵见表 3.7、2014—2020 年土地利用面积变化见表 3.8。

2014—2020 年间，吐鲁番盆地土地利用类型变化主要特点是：各类型土地利用面积变化较小，没有大幅度的增减变化。草地、城乡及居民用地、耕地面积分别增加 304.53km²、32.22km²、54.75km²，林地、水域及未利用土地减少面积分别为 4.82km²、1.35km²、385.33km²。

表 3.7　　　　　　吐鲁番盆地 2014—2020 年土地利用变化转移矩阵　　　　单位：km²

土地类型	草地	城乡及居民用地	耕地	林地	水域	未利用土地	2014 年面积总计	转出
草地	775.53	16.89	115.34	15.38	0.66	534.60	1458.40	682.87
城乡及居民用地	73.00	146.41	21.58	0.23	0.16	45.24	286.62	140.21
耕地	77.69	65.67	1122.58	2.35	0.85	7.54	1276.68	154.10
林地	13.06	0.33	7.50			3.12	24.01	24.01
水域	1.56	1.04	1.13		1.22	0.31	5.26	4.04
未利用土地	822.09	88.50	63.30	1.23	1.02	7777.24	8753.38	976.14
2020 年面积总计	1762.93	318.84	1331.43	19.19	3.91	8368.05	11804.35	
转入	987.40	172.43	208.85	19.19	2.69	590.81		

表 3.8　　　　　　吐鲁番盆地 2014—2020 年土地利用面积变化

时　期	草地 /km²	城乡及居民用地/km²	耕地 /km²	林地 /km²	水域 /km²	未利用土地 /km²
2014 年	1458.40	286.62	1276.68	24.01	5.26	8753.38
2020 年	1762.93	318.84	1331.43	19.19	3.91	8368.05
面积变化百分比/%	20.88	11.24	4.29	−20.07	−25.67	−4.40

各类土地转移矩阵变化情况如下。

（1）草地、城乡及居民用地、耕地面积均有所增加，林地、水域、未利用土地的面积有所减少。

（2）草地面积增加较大，增加304.53km²，占初始草地面积的20.88%，主要转变方向为未利用土地，转变面积为534.6km²；转变为草地的主要是未利用土地，转变822.09km²。草地增加主要集中在托克逊县郭勒布依乡，高昌区的艾丁湖乡以及鄯善县的迪坎乡，主要是因为农业发展以及生态文明建设的需要。

（3）城乡及居民用地增加面积占初始面积的11.24%，转出方向主要是草地及未利用土地，转出面积分别为73km²、45.24km²，转入方向主要是耕地及未利用土地，转出面积分别为65.67km²、88.5km²，变化主要集中在托克逊县的夏乡、高昌区的葡萄乡、大河沿镇以及鄯善县的连木沁镇，主要原因是吐鲁番市经济发展及城镇化提高。

（4）耕地面积增加了54.75km²，转入量较大的为草地、未利用土地、城乡及居民用地，转入面积分别为115.34km²、63.3km²、21.58km²，转出方向主要为草地、城乡居民用地，分别占转出量的50.42%、42.62%。耕地面积变化主要集中在托克逊县的夏乡、高昌区的葡萄乡、恰特喀勒乡、鄯善县的鲁克沁镇及七台镇，与吐鲁番市大力发展林果业有直接关系。

（5）林地面积有所减少，减少面积为4.82km²。由于林地面积相对较小，减少面积百分比较大，为20.07%，主要转出方向为草地，占总转出面积的54.39%；主要转入来源为草地及耕地，转入面积分别为15.38km²、2.35km²。变化主要集中在高昌区的恰特喀勒乡以及鄯善县的迪坎乡，由于农业发展的需要，部分林地转化为草地，但已有退耕还林现象发生。

（6）水域面积减少1.35km²，占初始面积的25.67%。转出方向主要为草地、城乡及居民用地、耕地，分别占转出量的38.61%、25.74%、27.97%；转入方向主要为未利用土地及林地，转入面积分别为1.02km²、0.85km²。水域面积的减少受人为活动影响较大，人类用水量的增大使得艾丁湖水域面积进一步减少，需加大对用水量的管理以及对湖区的保护力度。

（7）未利用土地面积减少385.33km²，占初始面积的4.40%。转出方向主要为草地，转出面积为822.09km²，占转出面积的84.22%。转入方向也主要为草地，转入面积为534.6km²，占转入面积的90.49%，总体来说草地的转入面积小于转出面积，提高了吐鲁番盆地土地利用程度。

3.2.2　天然绿洲分布及变化

天然绿洲位于吐鲁番盆地人工绿洲与荒漠戈壁之间，岩性主要是中粗砂、细砂，艾丁湖附近过渡为黏土，地下水位埋深0～100m，单井涌水量200～1000m³/(d·m)，水量丰富，分布于径流区与排泄区，径流条件较差，矿化度较高。

应用ArcGIS 10.4将吐鲁番盆地1990年、2000年和2014年土地利用数据进行分类规整，对3个时期的天然绿洲变化进行分析。吐鲁番盆地1990—2014年天然绿洲面积变化百分比、1990—2000 年以及 2000—2014 年天然绿洲变化转移矩阵及面积变化百分比见表 3.9~表 3.13。

表 3.9 吐鲁番盆地 1990—2014 年天然绿洲面积变化

时 期	高覆盖度草地 /km²	中覆盖度草地 /km²	低覆盖度草地 /km²	有林地 /km²	灌木林 /km²	疏林地 /km²	其他 /km²
1990 年	38.74	117.53	964.08	31.96	8.66	15.40	10627.99
2000 年	35.21	104.12	940.41	27.93	6.36	11.58	10678.76
2014 年	233.90	244.44	980.07	0.18	22.25	0.26	10323.26
面积变化百分比/%	503.77	107.98	1.66	−99.44	156.93	−98.31	−2.87

表 3.10 吐鲁番盆地 1990—2000 年天然绿洲变化转移矩阵 单位：km²

土地类型	高覆盖度草地	中覆盖度草地	低覆盖度草地	有林地	灌木林	疏林地	其他	1990 年面积总计	转出
高覆盖度草地	30.27	1.42	0.59	0.04		0.03	6.39	38.74	8.46
中覆盖度草地	0.78	92.50	2.07	0.20	0.02	0.03	21.93	117.53	25.03
低覆盖度草地	0.17	3.25	910.66	0.32	0.22	0.17	49.28	964.08	53.42
有林地	0.07	0.42	0.52	26.17		0.00	4.77	31.96	5.79
灌木林		0.01	0.23		5.72		2.70	8.66	2.94
疏林地	0.03	0.03	0.18	0.01		11.00	4.17	15.40	4.41
其他	3.88	6.48	26.16	1.19	0.41	0.36	10589.51	10627.99	38.48
2000 年面积总计	35.21	104.12	940.41	27.93	6.36	11.58	10678.76	11804.36	
转入	4.94	11.61	29.75	1.76	0.64	0.58	89.25		

表 3.11 吐鲁番盆地 1990—2000 年天然绿洲面积变化

时 期	高覆盖度草地 /km²	中覆盖度草地 /km²	低覆盖度草地 /km²	有林地 /km²	灌木林 /km²	疏林地 /km²	其他 /km²
1990 年	38.74	117.53	964.08	31.96	8.66	15.40	10627.99
2000 年	35.21	104.12	940.41	27.93	6.36	11.58	10678.76
面积变化百分比/%	−9.11	−11.42	−2.46	−12.61	−26.54	−24.84	0.48

表 3.12 吐鲁番盆地 2000—2014 年天然绿洲变化转移矩阵 单位：km²

土地类型	高覆盖度草地	中覆盖度草地	低覆盖度草地	有林地	灌木林	疏林地	其他	2000 年面积总计	转出
高覆盖度草地	3.31	0.47	0.56	0.00	0.00	0.00	30.86	35.21	31.90
中覆盖度草地	5.31	30.18	7.17	0.00	0.02	0.00	61.43	104.12	73.93

续表

土地类型	高覆盖度草地	中覆盖度草地	低覆盖度草地	有林地	灌木林	疏林地	其他	2000年面积总计	转出
低覆盖度草地	135.42	110.53	464.77	0.00	11.69	0.10	217.90	940.41	475.64
有林地	2.93	0.54	1.52	0.17	1.36	0.00	21.42	27.93	27.77
灌木林	0.74	0.45	3.33	0.00	0.04	0.00	1.79	6.36	6.33
疏林地	0.52	0.55	0.61	0.00	1.32	0.15	8.43	11.58	11.42
其他	85.67	101.71	502.10	0.02	7.82	0.01	9981.42	10678.76	697.34
2014年面积总计	233.90	244.44	980.07	0.18	22.25	0.26	10323.26	11804.37	
转入	230.59	214.25	515.30	0.02	22.22	0.11	341.84		

表 3.13　　　　　吐鲁番盆地 2000—2014 年天然绿洲面积变化

时　期	高覆盖度草地 /km²	中覆盖度草地 /km²	低覆盖度草地 /km²	有林地 /km²	灌木林 /km²	疏林地 /km²	其他 /km²
2000 年	35.21	104.12	940.41	27.93	6.36	11.58	10678.76
2014 年	233.90	244.44	980.07	0.18	22.25	0.26	10323.26
面积变化百分比/%	564.30	134.77	4.22	−99.36	249.84	−97.75	−3.33

1990—2014 年天然绿洲的变化特点主要是高覆盖度草地、中覆盖度草地、低覆盖度草地、灌木地的面积均有显著增加，有林地、疏林地、其他类的面积有大幅度减少。整体来说，吐鲁番地区的土地利用程度有所增加，这与吐鲁番市积极推进生态文明建设有直接关系。

1. 高覆盖度草地变化

高覆盖度草地主要分布于吐鲁番市北部边界处，1990—2014 年高覆盖度草地面积增加 195.16km²，占初始面积的 503.77%。

1990—2000 年，高覆盖度草地面积减少 3.53km²，减少面积占初始面积的 9.11%，转出方向主要为中覆盖度草地和其他类，转出面积分别为 1.42km²、6.39km²；转入方向也主要为中覆盖度土地和其他类，转出面积分别为 0.78km²、3.88km²。总体是转出面积大于转入面积，说明吐鲁番地区的植被覆盖程度有所减少。

2000—2014 年，高覆盖度草地面积仍然有少量减少，转出方向主要为其他（30.86km²），占转出总面积的 96.74%；转入贡献较大的为低覆盖度草地（153.18km²）和其他（85.67km²），占比分别为 58.73% 和 7.15%。

2. 中覆盖度草地变化

中覆盖度草地主要分布于吐鲁番北部与高覆盖度草地相邻，整体来说，1990—2014 年中覆盖草地面积增加 126.91km²，占初始面积的 107.98%。

1990—2000 年，中覆盖草地面积减少 13.41km²，减少面积占初始面积的 11.41%。主要转入方向为高覆盖度草地、低覆盖度草地，以及其他类，转入面积分别为

47

1.42km²、3.25km²、6.48km²。转出方向主要为其他类,转出面积 21.93km²,占总转出面积的 87.61%。

2000—2014 年,吐鲁番盆地中部中覆盖度草地面积增大。主要转出为其他,转出面积 61.43km²,占转出总面积的 83.09%;转入主要来源于低覆盖度草地和其他,转入面积分别为 110.53km² 和 101.71km²,共占总转入面积的 99.06%。

3. 低覆盖度草地变化

低覆盖度草地的分布范围较广,主要分布于吐鲁番北部及盆地中部,1990—2014 年低覆盖度草地面积增加 15.99km²,占初始面积的 1.66%。

1990—2000 年,低覆盖度草地面积略有减少,减少面积占初始面积的 2.46%。转入方向主要为其他类,转入面积为 26.16km²,占总转入面积的 87.93%,其次为中覆盖度草地,转入面积为 2.07km²。转出方向主要为其他类,转出面积为 49.28km²,占总转出面积的 92.25%。可以看出,低覆盖度草地与其他类的转化比较密切。

2000—2014 年,低覆盖度草地面积增加,增加面积占初始的 4.22%,2014 年,吐鲁番西南部出现一定面积的低覆盖度草地。主要转出其他地类,面积为 217.90km²,其次为高覆盖度草地和中覆盖度草地,面积分别为 135.42km² 和 110.53km²;主要转入来源为其他,转入面积为 502.10km²,占总转入面积的 97.44%。

4. 林地变化

林地根据郁闭度(郁闭度指森林中乔木树冠遮蔽地面的程度,是反映林分密度的指标)分为灌木林、疏林地和有林地,天然林地面积较小,分布比较分散,1990—2014 年,林地面积由 56.02km² 减小到 22.69km²,比初始面积减少了 59.5%。其中:灌木林面积增加较多,从 8.66km² 增加到 22.25km²,增加了 156.93%;有林地和疏林地减少幅度较大,分别较初期减少了 99.44% 和 98.31%。

艾丁湖流域吐鲁番盆地 1990 年、2000 年、2014 年和 2020 年 4 个时期的天然绿洲分布如图 3.7~图 3.10 所示。

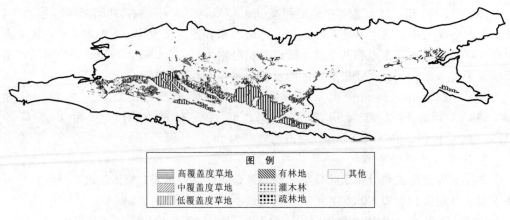

图 例		
高覆盖度草地	有林地	其他
中覆盖度草地	灌木林	
低覆盖度草地	疏林地	

图 3.7　1990 年艾丁湖流域吐鲁番盆地天然绿洲

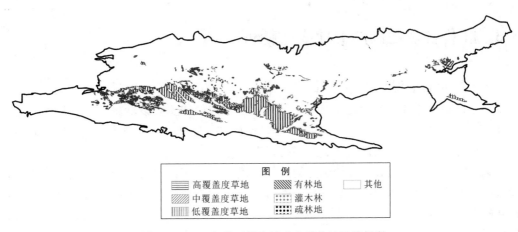

图 3.8 2000 年艾丁湖流域吐鲁番盆地天然绿洲

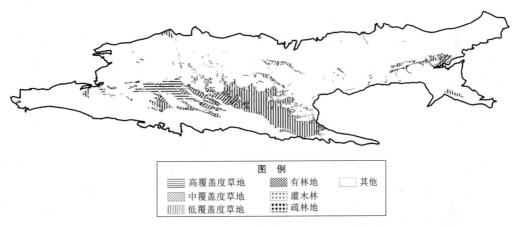

图 3.9 2014 年艾丁湖流域吐鲁番盆地天然绿洲

图 3.10 2020 年艾丁湖流域吐鲁番盆地天然绿洲

3.3　吐鲁番盆地湖泊湿地变化特征

3.3.1　尾闾湖泊湿地植被特征

据吐鲁番林业部门统计，目前艾丁湖湿地公园内植物主要以沙生、盐生植物为主，共有 11 科 24 属 29 种，此外还分布着芦苇、骆驼刺、狗牙根、盐节木、霸王、沙拐枣、柽柳、盐穗木、盐爪爪、盐角草、黑果枸杞等。

艾丁湖周地带广泛分布以盐碱土为主的荒漠土壤。湖区植被类型单一，整体来看，湖区由众多盐生植物丛构成，总体覆盖度为 30%～50%，由于受水体含盐量高的影响，植被的生长机构层次不高，主要植物有柽柳、盐节木、盐穗木、盐爪爪、盐角草、黑果枸杞等。

艾丁湖北部及西南部分布有一定数量的荒漠灌丛，为公益林，由具有抗风、固沙和耐旱特性的各种灌木和草本植物组成，主要植物有沙拐枣、柽柳、梭梭等。

近年来，由于艾丁湖湖面萎缩，艾丁湖周边大量动植物消失，生物多样性逐渐丧失。据统计，目前湿地公园内脊椎动物有 4 纲 12 目 23 种，其中国家二级保护动物有白尾鹞和鹅喉羚。

艾丁湖由三部分组成，周围一圈是湖积平原，为地表形成坚硬的盐地；中间一圈是盐沼泽，下面是淤泥；湖心是晶莹洁白的盐晶。湖水矿化度达 210g/L，水化学类型以 $SO_4-Cl-Na$ 型为主。湖中主要产出矿物有石盐、芒硝、无水芒硝，以及石膏、钙芒硝和多种钾、镁盐类，特别是光卤石的出现，反映艾丁湖已进入盐湖阶段的后期。湖面以外的近代湖盆地表由砂黏土和盐壳组成，异常坚硬，盐壳下约 1m 为卤水层。

3.3.2　尾闾湖泊湿地面积变化特征

根据吐鲁番相关研究，艾丁湖形成于 2.49 亿年前晚更新世晚期，是喜马拉雅山造山运动的产物。根据艾丁湖沉积物的变化过程所示，艾丁湖至少在上新世末已经存在，水质为淡水。中更新世以来，湖泊由淡水逐渐变为咸水，直至盐湖。在约 24.9kaBP（即距离 1950 年之前 24.9 千年），艾丁湖长约 95km，宽 20～35km，面积为 2500～3000km²。全新世以来，湖泊面积进一步缩小，其间曾有过扩张，但规模不大。全新世早期，艾丁湖面积约 1400km²，全新世晚期，湖面海拔约为 −150m，面积为 300km²。

1756 年（清乾隆二十一年），清将何国宗和哈清阿带队对艾丁湖进行过实测。据 1909 年（清宣统元年），刊布的《大清舆图》测算，那时的艾丁湖水域面积是 230km²。

20 世纪 50 年代初，艾丁湖统计数据为东西长 40km，南北宽 8km，湖水面积近 152km²。根据 1958 年航空照片（简称"航片"）观察计算，艾丁湖湖面近似椭圆形，东西长 7.5km，南北宽 3km，水深 0.8m 左右，面积 22.5km²。

1962 年 8 月，由航片解译，这时的艾丁湖全部干涸。1973 年，按美国陆地卫星 MSS4 波段解译，又有积水，面积达 29km²。80 年代初，湖面又不足 17km²。

1984年，由航片解译，艾丁湖又全部干涸。1989年通过TM卫星照片显示，艾丁湖为新月形，水面已退缩到约11km²，湖周湿地约72km²。

　　1993年，湖底变硬，可行汽车。实地勘察水面3km²。1994年，不足3km²，成零星片状水洼。

　　1999年，美国探空卫星拍摄到了艾丁湖的照片，照片显示，艾丁湖又复活了。由卫星照片解译，湖面为75km²。2000年4月26日，卫星云图测算为66km²。

　　艾丁湖2008—2013年主湖区多年平均水面面积2.71km²，年度中最大水面面积11.93km²，最小水面面积为0。

　　最近几年，随着吐鲁番市"关井退田""退地减水"等相应措施的实施，艾丁湖水源补给（河流、地下水）得到了显著加强，艾丁湖湖面由2014年约14km²增至2016年近20km²。随着吐鲁番市建立节水型社会工作的进一步深化开展，艾丁湖湖面面积将会进一步扩大，艾丁湖由季节性湖泊恢复为常年性湖泊也有望成为现实。

　　自20世纪40年代以来，艾丁湖湖面面积变化如图3.11所示。

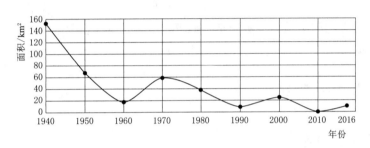

图3.11　艾丁湖湖面面积历年变化

第 4 章
吐鲁番盆地地下水位动态特征及影响因素分析

　　本章选用吐鲁番盆地近 30 年降水量和地下水位监测数据，对降水量年内年际特征及趋势性变化进行分析；按照山前戈壁带、人工绿洲区、天然绿洲区、荒漠区空间景观格局进行地下水位分析，得到了不同分区的地下水位年内和年际变化特点。在辨识吐鲁番盆地地下水位变化影响因素基础上，分别对高昌区、鄯善县、托克逊县地下水位变化与降水量、开采量之间的相关性进行定量分析，最后分析了各因素对吐鲁番盆地地下水位的共同影响。

4.1　降水量基本特征

4.1.1　气象站点分布

　　选取了新疆吐鲁番气象站台（51573）、吐鲁番东坎气象站台（51572）、托克逊气象站台（51571）和鄯善县气象站台（51581）4 个气象站台 1987—2017 年的降水资料进行分析，这 4 个气象站均分布在吐鲁番盆地人工绿洲区，气象站分布如图 4.1 所示。降水数据来自中国气象数据网。

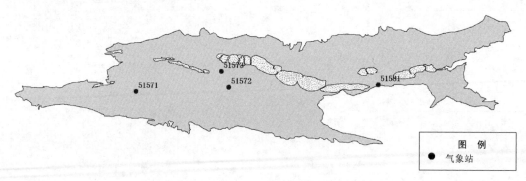

图 4.1　艾丁湖流域吐鲁番盆地气象站分布

4.1.2　年内特征

　　吐鲁番 51571 气象站多年平均月降水量见表 4.1 和图 4.2。51571 气象站各月平均降水量中6—8月（夏季）相对较多，降水量峰值为1.9mm，出现在6、7月，其他季节月平均降水量均在1mm以下，夏季降水总量占全年降水量的65%。

表4.1　　　　　　　　　吐鲁番51571气象站多年平均月降水量

月份	1	2	3	4	5	6	7	8	9	10	11	12	全年
降水量/mm	0.4	0.0	0.3	0.2	0.6	1.9	1.9	1.5	0.6	0.5	0.0	0.2	8.1
占比/%	5	0	4	2	7	23	23	19	7	6	0	2	100

吐鲁番51572气象站多年平均月降水量见表4.2和图4.3，51572气象站各月平均降水量中6—8月（夏季）相对较多，降水量峰值达到2.9mm，出现在6月，其他季节降水波动较小，夏季降水总量占全年降水量的51%。

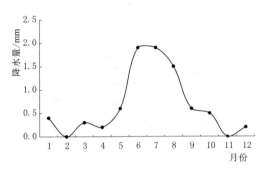

图4.2　吐鲁番51571气象站多年平均月降水量　　　图4.3　吐鲁番51572气象站多年平均月降水量

表4.2　　　　　　　　　吐鲁番51572气象站多年平均月降水量

月份	1	2	3	4	5	6	7	8	9	10	11	12	全年
降水量/mm	0.4	0.3	0.8	0.8	1.3	2.9	2.7	1.9	1.7	0.9	0.6	0.4	14.7
占比/%	3	2	5	5	9	20	18	13	12	6	4	3	100

吐鲁番51573气象站多年平均月降水量见表4.3和图4.4，51573气象站各月平均降水量中6—8月（夏季）相对较多，降水量峰值达到3.0mm，出现在6月，其他季节降水波动较小，夏季降水总量占全年降水量的46%。

表4.3　　　　　　　　　吐鲁番51573气象站多年平均月降水量

月份	1	2	3	4	5	6	7	8	9	10	11	12	全年
降水量/mm	0.4	0.5	1.0	0.7	1.2	3.0	2.2	2.0	1.7	1.3	0.8	0.6	15.4
占比/%	3	3	6	5	8	19	14	13	11	8	5	4	100

吐鲁番51581气象站多年平均月降水量见表4.4和图4.5，51581气象站所在地区降水较多，各月平均降水量中6—8月（夏季）相对集中，降水量峰值出现在7月，达到5.1mm，夏季降水总量占全年降水量的49%。

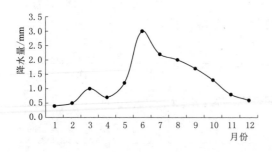

图 4.4　吐鲁番 51573 气象站多年平均月降水量

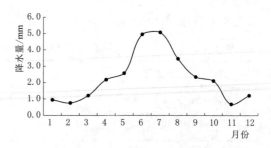

图 4.5　吐鲁番 51581 气象站多年平均月降水量

表 4.4　　　　　　　　　　吐鲁番 51581 气象站多年平均月降水量

月份	1	2	3	4	5	6	7	8	9	10	11	12	全年
降水量/mm	1.0	0.8	1.2	2.2	2.6	5.0	5.1	3.5	2.4	2.1	0.7	1.2	27.6
占比/%	3	3	4	8	9	18	18	13	9	8	3	4	100

　　吐鲁番盆地多年平均月降水量见表 4.5 和图 4.6。通过分析 4 个气象站降水数据，得出吐鲁番盆地年内降水特征，吐鲁番盆地各月平均降水量中 6—8 月（夏季）相对集中，夏季降水总量占全年降水量的 51%。

表 4.5　　　　　　　　　　　　吐鲁番盆地多年平均月降水量

月份	1	2	3	4	5	6	7	8	9	10	11	12	全年
降水量/mm	0.5	0.4	0.8	1.0	1.4	3.2	3.0	2.2	1.6	1.2	0.5	0.6	16.5
占比/%	3	2	5	6	9	19	18	14	10	7	3	4	100

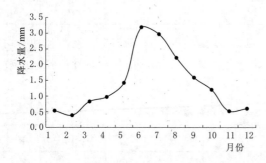

图 4.6　吐鲁番盆地多年平均月降水量

4.1.3　年际特征及趋势变化分析

　　吐鲁番 51573、51581 气象站 1987—2017 年年降水量变化曲线如图 4.7 和图 4.8 所示。对其进行 5 年滑动平均和线性拟合可见，51573 气象站 1987—2017 年多年平均降水量为 15.8mm，最低为 1997 年的 5.5mm，最高为 1998 年的 33.4mm。通过线性分析，降水量呈减少趋势，但减少幅度较小，与前人得出的西北地区降水量增加这一结论不一致，与大范围的气候相比有其自身的特征[109]。

　　51581 气象站 1987—2017 年多年平均降水量为 27.6mm，最低为 2000 年的 13.8mm，最高为 1998 年的 76.8mm。通过线性分析，降水量变化不显著。

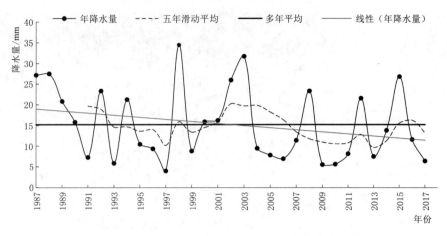

图 4.7 吐鲁番 51573 气象站 1987—2017 年年降水量变化

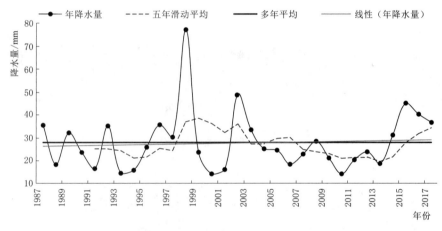

图 4.8 吐鲁番 51581 气象站 1987—2017 年年降水量变化

4.2 地下水位基本特征

4.2.1 监测站点及空间分布

为了能够准确得到吐鲁番盆地地下水位动态特征，利用了吐鲁番水文水资源勘测局提供的 23 眼长期观测井 1987—2016 年地下水位埋深资料和新疆维吾尔自治区地质矿产勘查开发局第一水文工程地质大队提供的 82 眼动态观测井 2011—2012 年地下水位埋深资料。监测井均匀分布在高昌区、托克逊县和鄯善县。吐鲁番盆地地下水监测井分布如图 4.9 所示。

4.2.2 地下水位埋深空间分布特征

根据收集到的地下水监测井水位埋深资料，应用 ArcGIS 绘制的 2011 年和 2016 年吐鲁番盆地年均地下水位埋深分布如图 4.10 和图 4.11 所示，2011—2016 年吐鲁番盆地地下水位埋深年均变幅如图 4.12 所示。

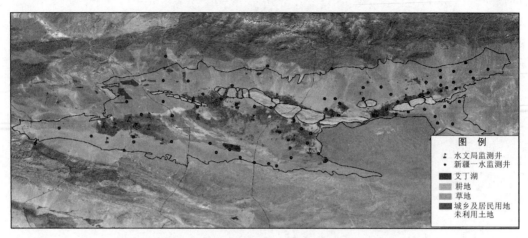

图 4.9　吐鲁番盆地地下水监测井分布

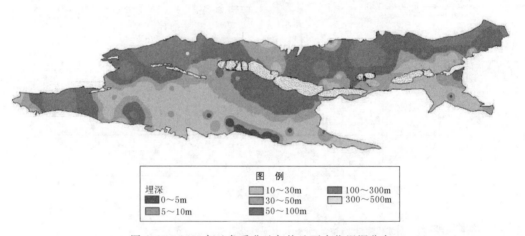

图 4.10　2011 年吐鲁番盆地年均地下水位埋深分布

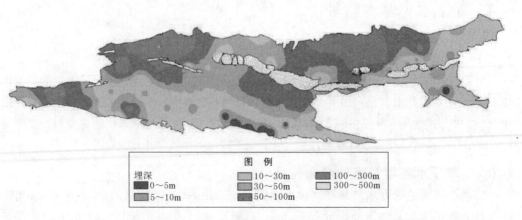

图 4.11　2016 年吐鲁番盆地年均地下水位埋深分布

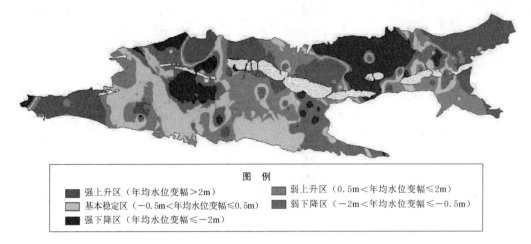

图 例

强上升区（年均水位变幅＞2m）　　　弱上升区（0.5m＜年均水位变幅≤2m）

基本稳定区（−0.5m＜年均水位变幅≤0.5m）　弱下降区（−2m＜年均水位变幅≤−0.5m）

强下降区（年均水位变幅≤−2m）

图 4.12　2011—2016 年吐鲁番盆地地下水位埋深年均变幅

吐鲁番盆地地下水位埋深沿南北方向具有明显的空间差异性，南盆地的地下水位埋深较小，大部分地区为 0～50m，主要原因是该区域地势平坦，处于地下水的排泄区。

火焰山地带的地下水位埋深明显较大，为 50～100m，主要原因是该地区海拔较高、补给来源少、地下水溢出量和开采量大，该地区形成了一个明显的漏斗区。

北盆地北缘地区地下水位埋深较大，为 50m 以上，主要与该区域的地下水埋藏条件和地势有关。含水层厚度大，富水性较强，渗透系数较大，处于地下水的补给、径流区。

北盆地南缘绿洲带地下水受火焰山阻挡水位抬升，部分地区溢出成泉。

2011—2016 年间，托克逊县博斯坦乡、依拉湖乡和高昌区葡萄乡、七泉湖镇以及鄯善县七克台镇东北部地区地下水位明显抬升，年均升幅大于 2m，原因是这些区域可利用地表水资源较丰富，地下水开采量较少，且地势较高，地下水的补给强度较大；南盆地大部分地区地下水位基本稳定或有小幅度下降；高昌区艾丁湖乡、亚尔乡和鄯善县北部连木沁镇、辟展乡、火车站镇水位下降幅度较大，年均降幅大于 2m，原因是地下水开采量较大，且补给强度较小。

4.2.3　水位年内变化特征

本次主要按照不同行政区进行分析，每个区县内选取 4 口分布在不同地貌区的典型监测井，绘制埋深变化曲线并分析变化特征。

1. 高昌区

吐鲁番市高昌区典型地下水监测井年内平均水位埋深变化如图 4.13 所示。人工绿洲区和天然绿洲区、荒漠区的水位埋深变化呈现出不同形态。

监测井 Ⅱ1-5 和 Ⅱ1-6-2 位于人工绿洲区，在人类活动的干扰下，地下水位年内波动明显。地下水位埋深在 3—7 月急剧增大，8 月以后埋深逐渐减小，年内最大水位埋深出现在 7—8 月，主要受农业灌溉的影响，水位变幅 2～3m。

监测井 TTJ054 位于远离绿洲的艾丁湖周围荒漠区，在自然条件下，地下水位受自然因素影响，年内水位波动不明显。

57

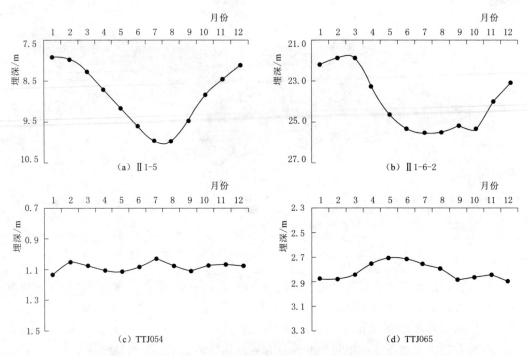

图 4.13　吐鲁番高昌区典型地下水监测井年内平均水位埋深变化

监测井 TTJ065 位于天然绿洲区，地下水位受自然因素和人为因素的共同影响，水位变幅在 0.15m 左右，变化幅度较小。

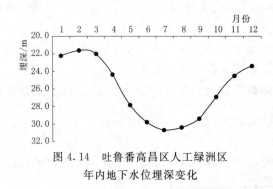

图 4.14　吐鲁番高昌区人工绿洲区
年内地下水位埋深变化

通过数据分析得出高昌区人工绿洲区年内地下水位埋深变化特征，如图 4.14 所示。高昌区人工绿洲区年内地下水位埋深变化趋势同人工绿洲区典型监测井一致，年内最大水位埋深出现在 7—8 月，主要受农业灌溉的影响，夏季葡萄、哈密瓜等需水量大，地表水难以满足需求，地下水开采量增加，水位大幅下降。

2. 托克逊县

吐鲁番市托克逊县典型地下水监测井年内平均水位埋深变化如图 4.15 所示。人工绿洲区和天然绿洲区、荒漠区的水位埋深变化呈现出不同形态。

监测井 Ⅱ3-9 和 TW-SS-2 位于人工绿洲区，在人类活动的干扰下，地下水位年内波动明显。地下水位埋深在 3—8 月呈增大趋势，8 月以后埋深逐渐减小，年内最大水位埋深出现在 8 月，主要受农业灌溉的影响，水位变幅 2～5m。

监测井 TK5 位于山前荒漠区，地下水位埋深受自然条件控制，水位波动不明显。

监测井 TJJF177 位于天然绿洲区，地下水位受自然条件和人为因素的共同影响，

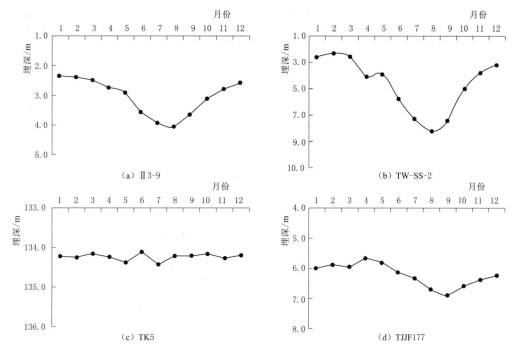

图 4.15 吐鲁番市托克逊县典型地下水监测井年内平均水位埋深变化

变化趋势与人工绿洲区相同，夏季水位小幅下降，水位变幅在 1m 左右。

通过数据分析得出托克逊县人工绿洲区年内地下水位埋深变化特征，如图 4.16 所示。托克逊县人工绿洲区年内地下水位埋深变化趋势同人工绿洲区典型监测井一致，年内最大水位埋深出现在 8 月，主要受农业灌溉的影响，夏季葡萄、哈密瓜等需水量大，地表水难以满足需求，地下水开采量增加，水位下降，但下降趋势缓于高昌区。

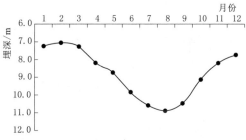

图 4.16 吐鲁番托克逊县人工绿洲区年内地下水位埋深变化

3. 鄯善县

吐鲁番市鄯善县典型地下水监测井年内平均水位埋深变化如图 4.17 所示。人工绿洲区和天然绿洲区、荒漠区的水位埋深变化呈现出不同形态。

监测井 Ⅱ2-2 和 TW-SE-2 位于人工绿洲区，在人类活动的干扰下，地下水位年内波动明显。吐鲁番鄯善县地下水监测井年内地下水位埋深在 3—8 月呈增大趋势，9 月至次年 3 月埋深逐渐减小，主要受农业灌溉的影响，年内最大水位埋深出现在 8—10 月，水位变幅 2~10m。

监测井 TJJA117 位于东部荒漠区，在自然条件下，地下水位埋深受自然因素影响，水位波动不明显。

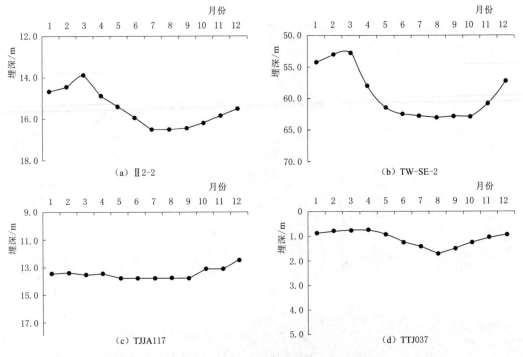

图 4.17　吐鲁番鄯善县典型地下水监测井年内平均水位埋深变化

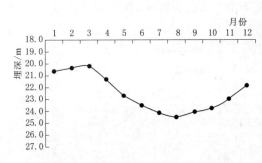

图 4.18　吐鲁番鄯善县人工绿洲区
地下水位埋深变化

监测井 TTJ037 位于南部天然绿洲区，地下水位埋深受自然因素和人为因素的共同影响，水位埋深变幅在 1m 左右。

通过数据分析得出鄯善县人工绿洲区年内地下水位埋深变化特征，如图 4.18 所示。吐鲁番鄯善县人工绿洲区地下水位埋深变化趋势同人工绿洲区典型监测井一致，年内最大水位埋深出现在 8 月，主要受农业灌溉的影响，夏季葡萄、哈密瓜等需水量大，地表水难以满足需

求，地下水开采量增加，水位下降，下降趋势缓于高昌区。

总体而言，3 个区县相同地貌区监测井的地下水位年内变化大致相同。人工绿洲区：在人类活动的干扰下，地下水位年内波动明显。地下水位埋深在 3—7 月急剧增大，8 月以后埋深逐渐减小，年内最大水位埋深出现在 7—8 月，主要因为农业灌溉导致开采量增加。荒漠区：在自然条件下，地下水位受自然因素影响，波动不明显。天然绿洲区：地下水位受自然因素和人为因素的共同影响，在年内出现小幅度波动。

4.2.4　水位年际变化特征

随着人口的增加，耕地面积的扩大，用水需求量逐年增大。吐鲁番盆地主要用水来

源于地下水,取水方式主要有机电井、坎儿井、泉水[110] 等。每个区县选取 2 口时间序列较长的监测井,各个典型监测井逐年地下水位埋深变化表明,不同监测井地下水水位逐年变化趋势具有一致性,均呈下降趋势。

1. 高昌区

吐鲁番高昌区地下水监测井 1988—2016 年地下水位埋深变化如图 4.19 所示。亚尔乡西沟一队Ⅱ1-5 井:1988—2000 年地下水水位变化较小,变幅在 6m 左右;2000—2008 年,水位埋深迅速增大,以平均 0.85m/年的速度变化;2008—2016 年,埋深在 12.5m 上下波动,水位比较稳定。1988—2016 年地下水水位变幅 8m 左右。

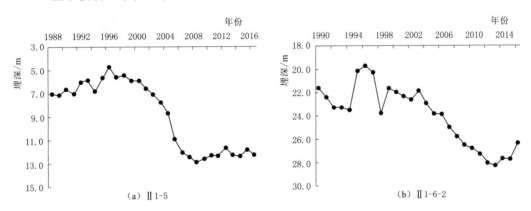

图 4.19 吐鲁番高昌区地下水监测井 1988—2016 年地下水位埋深变化

亚尔乡幸福五队Ⅱ1-6-2 井:1994—1998 年,水位埋深突然变小,1998 年又恢复到原来状态,变化幅度 4m;2000—2013 年,水位埋深迅速增大,以平均每年 0.5m的速度变化;2013—2016 年,水位埋深逐渐减小。

吐鲁番高昌区人工绿洲区 1988—2016 年地下水位埋深变化如图 4.20 所示。吐鲁番高昌区人工绿洲区 1988—2016 年地下水位埋深变化趋势同人工绿洲区典型监测井一致,1994—1998 年,水位埋深突然变小,1998 年又恢复到原来状态;2000—2008 年,经济迅速发展,地下水开采量增加,水位埋深迅速增大,以平均 0.7m/年的速度变化;2008—2016 年,水位埋深在 20m 上下波动,变化平缓。1988—2016 年地下水水位变幅 7m 左右。

2. 托克逊县

吐鲁番托克逊县地下水监测井 1988—2016 年地下水位埋深变化如图 4.21 所示。夏乡喀格恰克村Ⅱ3-1 井:1988—2016 年地下水位埋深呈逐年增大趋势,平均每年增加 0.2m,1988—2016 年地下水水位变幅 5m 左右。

克尔碱镇英阿瓦提村Ⅱ3-5 井:2003—2016 年地下水位埋深呈逐年增大趋势,平均每年增加 0.6m,2003—2016

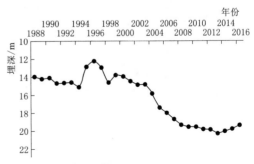

图 4.20 吐鲁番高昌区人工绿洲区
1988—2016 年地下水位埋深变化

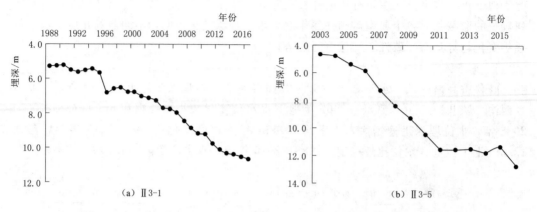

（a）Ⅱ3-1　　　　　　　　　　　　（b）Ⅱ3-5

图 4.21　吐鲁番托克逊县地下水监测井 1988—2016 年地下水位埋深变化

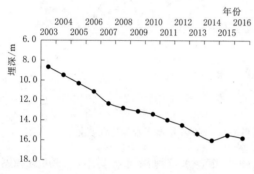

图 4.22　吐鲁番托克逊县人工绿洲区
2003—2016 年地下水位埋深变化

年地下水水位变幅 8m 左右。

　　吐鲁番托克逊县人工绿洲区 2003—2016 年地下水位埋深变化如图 4.22 所示。吐鲁番托克逊县人工绿洲区 2003—2016 年地下水位埋深变化趋势同人工绿洲区典型监测井一致，2003—2016 年，随着开采量增大，地下水位埋深呈逐年增大趋势，2003—2016 年地下水水位变幅 7m 左右。

　　3. 鄯善县

　　吐鲁番鄯善县地下水监测井 2000—

2016 年地下水位埋深变化如图 4.23 所示。连木沁 9 大队 2 队Ⅱ2-3 井：2000—2016 年地下水位埋深总体呈逐年增大趋势，2000—2016 年地下水水位变幅 4m 左右。

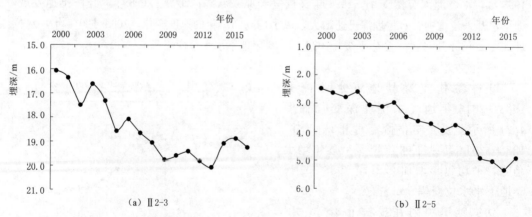

（a）Ⅱ2-3　　　　　　　　　　　　（b）Ⅱ2-5

图 4.23　吐鲁番鄯善县地下水监测井 2000—2016 年地下水位埋深变化

迪坎尔大队 4 小队 II 2-5 井：2000—2016 年地下水位埋深呈逐年增大趋势，平均每年增加 0.18m，2000—2016 年地下水水位变幅 3m 左右。

吐鲁番鄯善县人工绿洲区 2000—2016 年地下水位埋深变化如图 4.24 所示。吐鲁番鄯善县人工绿洲区 2000—2016 年地下水位埋深变化趋势同人工绿洲区典型监测井一致，2000—2016 年，随着开采量增大，地下水位埋深呈逐年增大趋势，2000—2016 年地下水水位变幅 7m 左右。

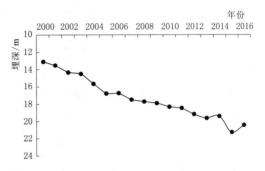

图 4.24　吐鲁番鄯善县人工绿洲区
2000—2016 年地下水位埋深变化

总体而言，由于吐鲁番地区经济快速发展，地下水开采量逐年增大，3 个区县的人工绿洲区地下水位均呈下降趋势，1988—2016 年地下水位变幅均在 7m 左右。高昌区监测区水位每年平均下降 0.63m，鄯善县监测区水位每年平均下降 0.87m，托克逊县监测区水位每年平均下降 0.42m，整个吐鲁番盆地地下水监测区水位每年平均下降 0.64m。吐鲁番盆地各区（县）地下水监测井水位埋深变化见表 4.6。

表 4.6　　　　　吐鲁番盆地各区（县）地下水监测井水位埋深变化统计

行政区	监测井编号	地点	年均埋深/m		升降幅/m		统计时段/年
			统计时段初	统计时段末	累计升降	每年平均	
高昌区	II 1-5	亚尔乡西沟一队	7.04	12.39	-5.35	-0.19	1988—2016
	II 1-6-2	亚尔乡幸福五队	21.56	26.51	-4.95	-0.19	1990—2016
	II 1-7	艾丁湖乡政府	5.84	15.32	-9.48	-0.86	2002—2013
	II 1-8	葡萄乡果酒厂供水站	8.58	5.50	3.08	0.44	2003—2010
	II 1-9	火焰山农业开发区	41.14	43.34	-2.2	-0.17	2002—2015
	II 1-11	胜金乡阿克塔木村	12.93	23.38	-10.45	-2.09	2011—2016
	II 1-12	恰特喀勒乡唐努尔队	59.12	65.97	-6.85	-1.37	2011—2016
	高昌区监测区每年平均下降 0.63m						
鄯善县	II 2-1	七克台水电所	10.19	6.97	3.22	0.20	2000—2016
	II 2-2	鄯善县电力公司	12.01	17.44	-5.43	-0.34	2000—2016
	II 2-3	连木沁 9 大队 2 队	16.02	19.26	-3.24	-0.20	2000—2016
	II 2-5	迪坎尔大队 4 小队	2.49	4.95	-2.46	-0.15	2000—2016
	II 2-10	金矿渔场	10.75	16.24	-5.49	-0.34	2000—2016
	II 2-13	迪坎尔乡玉尔门	9.25	14.15	-4.9	-0.31	2000—2016
	II 2-15	吐峪沟乡坚丹坎	30.64	64.34	-33.7	-2.11	2000—2016
	II 2-16	吐峪沟英买里 1 队	69.34	122.44	-53.1	-3.32	2000—2016
	TW-SE-2	达浪坎阿扎提村	53.65	74.44	-20.79	-1.30	2000—2016
	鄯善县监测区每年平均下降 0.87m						

行政区	监测井编号	地　点	年均埋深/m		升降幅/m		统计时段/年
			统计时段初	统计时段末	累计升降	每年平均	
托克逊县	Ⅱ3-1	夏乡喀格恰克村	5.29	10.76	−5.47	−0.20	1988—2016
	Ⅱ3-3	博斯坦乡3大队1小队	12.16	21.3212.97	−9.16	−0.65	2002—2016
	Ⅱ3-4	伊拉湖乡4大队4小队	12.97	18.13	−5.16	−0.37	2002—2016
	Ⅱ3-5	克尔碱镇英阿瓦提村	4.65	12.87	−8.22	−0.63	2003—2016
	Ⅱ3-6	郭勒布依乡十字路口	6.30	16.72	−10.42	−0.74	2002—2016
	Ⅱ3-9	郭勒布依乡开斯开尔村	2.29	2.76	−0.47	−0.07	2009—2016
	TW-SS-2	博斯坦乡吉格代村	2.93	5.48	−2.55	−0.26	2006—2016
托克逊县监测区每年平均下降0.42m							

注　表中数据来源于《2016吐鲁番浅层地下水动态年报》。

4.3　地下水位动态影响因素分析

地下水水位动态是地下水均衡的外部表现，它同时受地层岩性、地形地貌、水文、气象、水文地质条件、人类活动的影响和控制。而影响盆地地下水水位动态变化的因素主要是自然因素（主要包括水文因素、气象因素）和人为因素。

根据吐鲁番盆地的地质环境特点和地下水水位监测资料，下面主要分析降水和开采量对地下水水位动态变化的影响，其次分析各因素对盆地地下水位的共同影响。

4.3.1　降水量对地下水位的影响

降水是地下水的重要补给来源，但吐鲁番盆地降水稀少，降水难以补给地下水，因此选取降水量分析对地下水位埋深变化规律的影响，绘制降水量与水位埋深的关系图，并研究其相关性。监测井Ⅱ1-6-2、Ⅱ2-2水位埋深与降水量变化如图4.25所示。

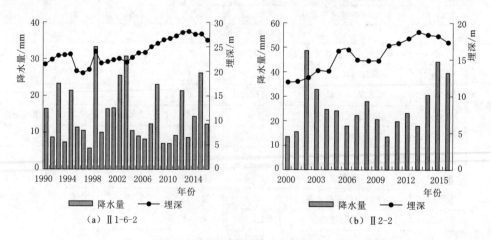

（a）Ⅱ1-6-2　　　　　　　　　　　　（b）Ⅱ2-2

图4.25　监测井Ⅱ1-6-2、Ⅱ2-2水位埋深与降水量变化

运用 SPSS 统计分析软件，采用 Pearson 相关分析方法，研究监测井地下水位埋深与降水量之间的相关关系，吐鲁番盆地监测井地下水位埋深与降水量相关性分析结果见表 4.7。结果显示：水位埋深与降水量之间的相关性太弱或不存在线性相关关系，即降水量不是影响地下水位埋深变化的主要因素，降水入渗补给可忽略不计。

表 4.7 吐鲁番盆地监测井地下水位埋深与降水量相关性分析结果

监测井号	Ⅱ1-5	Ⅱ1-6-2	Ⅱ1-7	Ⅱ1-8	Ⅱ1-9	Ⅱ2-1	Ⅱ2-2
相关系数	-0.163	0.030	-0.423	0.457	-0.279	-0.064	-0.352
显著系数	0.417	0.880	0.224	0.302	0.468	0.815	0.182
监测井号	Ⅱ2-3	Ⅱ2-5	Ⅱ2-10	Ⅱ2-13	Ⅱ2-15	Ⅱ2-16	TW-SE-2
相关系数	-0.380	-0.109	-0.313	-0.180	0.035	-0.040	0.296
显著系数	0.132	0.676	0.238	0.504	0.897	0.887	0.439
监测井号	Ⅱ3-1	Ⅱ3-3	Ⅱ3-4	Ⅱ3-5	Ⅱ3-6	Ⅱ3-9	TW-SS-2
相关系数	-0.108	-0.145	-0.138	-0.060	-0.037	0.032	0.163
显著系数	0.599	0.637	0.654	0.839	0.900	0.945	0.653

4.3.2 开采量对地下水位的影响

对于吐鲁番盆地而言，极端干旱，人工开采是地下水主要的排泄方式，因此，选取开采量分析对地下水位埋深变化规律的影响，利用年开采量与水位埋深统计数据做相关图。吐鲁番盆地历年地下水开采量见表 4.8。

表 4.8 吐鲁番盆地历年地下水开采量统计表 单位：亿 m³

年 份	地下水开采量	高昌区	鄯善县	托克逊县
2002	6.83	2.70	2.39	1.74
2003	6.87	2.72	2.40	1.75
2004	4.57	1.81	1.60	1.16
2005	5.71	2.26	2.00	1.45
2006	5.45	2.16	1.91	1.39
2007	5.43	2.15	1.90	1.38
2008	6.56	2.60	2.29	1.67
2009	6.91	2.73	2.42	1.76
2010	7.65	3.03	2.67	1.95
2011	8.42	3.33	2.94	2.14
2012	9.42	3.89	3.29	2.24
2013	9.29	3.72	3.29	2.28
2014	8.86	3.50	3.02	2.34
2015	7.87	2.97	2.78	2.12
2016	7.55	2.96	2.65	1.94

注 表中数据由市水利局提供。

1. 高昌区

监测井Ⅱ1-6-2 位于高昌区亚尔乡。监测井Ⅱ1-6-2 2002—2016 年开采量与水位埋深变化、相关关系如图 4.26 所示。地下水位埋深与开采量的变化趋势基本一致，说明开采量与地下水水位有一定的关系。

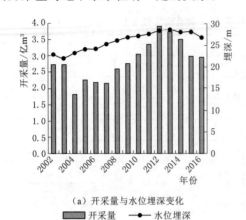

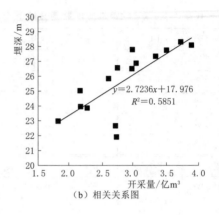

(a) 开采量与水位埋深变化　　　　　(b) 相关关系图

■ 开采量　—●— 水位埋深

图 4.26　监测井Ⅱ1-6-2 2002—2016 年开采量与水位埋深变化、相关关系图

运用 SPSS 统计分析软件，采用 Pearson 相关分析方法，研究监测井地下水位埋深与开采量之间的相关关系。高昌区监测井地下水位埋深与开采量相关性分析结果见表 4.9。结果显示：除了监测井Ⅱ1-5 外，其他监测井水位埋深和开采量有很强的相关性，即开采量是影响地下水位埋深变化的主要因素。

表 4.9　　　　　　　　　高昌区监测井地下水位埋深与开采量相关性分析结果

监测井号	Ⅱ1-5	Ⅱ1-6-2	Ⅱ1-7	Ⅱ1-9
相关系数	0.317	0.765	0.832	0.640
显著系数	0.250	0.001	0.003	0.010

2. 托克逊县

监测井Ⅱ3-5、Ⅱ3-1 分别位于托克逊县克尔碱镇和夏乡。监测井Ⅱ3-5 2003—2016 年、监测井Ⅱ3-1 2002—2016 年开采量与水位埋深变化及相关关系分别如图 4.27 和图 4.28 所示。结果表明，地下水位埋深与开采量的变化趋势基本一致，说明开采量与地下水水位有一定的关系。

运用 SPSS 统计分析软件，采用 Pearson 相关分析方法，研究监测井地下水位埋深与开采量之间的相关关系，分析结果见表 4.10。结果显示：托克逊县监测井地下水位埋深和开采量具有显著相关性，即开采量是影响地下水位埋深变化的主要因素。

表 4.10　　　　　　　托克逊县监测井地下水位埋深与开采量相关性分析结果

监测井号	Ⅱ3-1	Ⅱ3-3	Ⅱ3-4	Ⅱ3-5	Ⅱ3-6	TW-SS-2
相关系数	0.769	0.659	0.731	0.863	0.831	0.897
显著系数	0.001	0.014	0.005	0.000	0.000	0.000

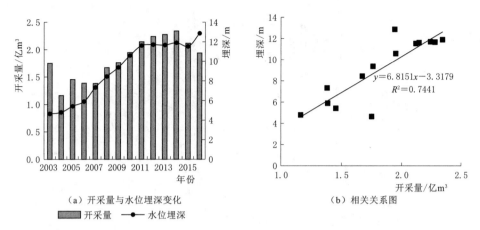

图 4.27　监测井Ⅱ3-5 2003—2016 年开采量与水位埋深变化、相关关系图

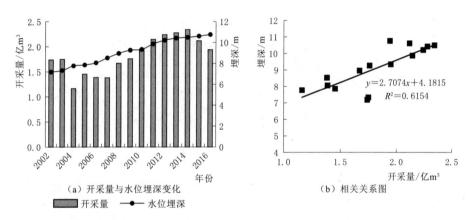

图 4.28　监测井Ⅱ3-1 2002—2016 年开采量与水位埋深变化、相关关系图

3. 鄯善县

监测井Ⅱ2-3、Ⅱ2-5 分别位于鄯善县连木沁镇和迪坎乡。监测井Ⅱ2-3、监测井Ⅱ2-5 2002—2016 年开采量与水位埋深变化及相关关系分别如图 4.29 和图 4.30 所示。结果表明，地下水位埋深与开采量的变化趋势基本一致，说明开采量与地下水水位有一定的关系。

运用 SPSS 统计分析软件，采用 Pearson 相关分析方法，研究监测井地下水位埋深与开采量之间的相关关系，分析结果见表 4.11。结果显示：鄯善县监测井地下水位埋深与开采量具有显著相关性，即开采量是影响地下水位埋深变化的主要因素。

表 4.11　　　　　　　　　鄯善县监测井地下水位埋深与开采量相关性分析结果

监测井号	Ⅱ2-1	Ⅱ2-2	Ⅱ2-3	Ⅱ2-5	Ⅱ2-10	Ⅱ2-13	Ⅱ2-15	Ⅱ2-16
相关系数	0.726	0.674	0.643	0.681	0.647	0.646	0.624	0.799
显著系数	0.003	0.008	0.010	0.005	0.012	0.013	0.017	0.001

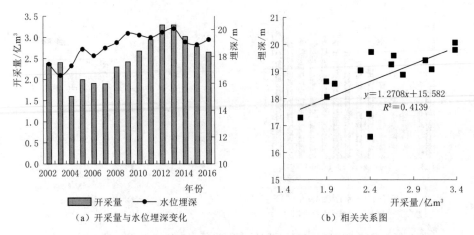

图 4.29　监测井 II 2-3 2002—2016 年开采量与水位埋深变化、相关关系图

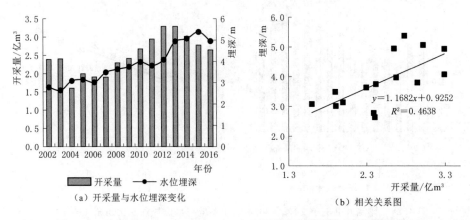

图 4.30　监测井 II 2-5 2002—2016 年开采量与埋深变化、相关关系图

综合以上：除了高昌区监测井 II 1-5 外，大部分监测井水位埋深与开采量的相关系数均大于 0.6，显著系数在 0.05 以内，水位埋深和开采量呈现出较强的正相关，表明开采量是影响吐鲁番盆地地下水位埋深变化的主要因素。

4.3.3　各因素对地下水位的共同影响

地下水水位动态主要受地下水补给和排泄两方面的综合作用。根据吐鲁番盆地地下水补排特征，地下水位变化主要受盆地降水量、地表水体渗漏补给量、田间灌溉入渗补给量、地下水开采量等因素的影响。首先在 SPSS 中利用 Pearson 相关分析法和多元回归分析法分析各因素对地下水位埋深影响的重要性，确定各影响因素的主次要关系。

吐鲁番盆地地下水位埋深影响因素相关性矩阵见表 4.12，结果表明，地下水位埋深与开采量呈正相关，与降水量、河道渗漏补给量、渠道渗漏补给量和田间灌溉入渗补给量呈负相关关系。地下水位埋深与开采量和田间灌溉入渗补给量的相关性较强，与渠道渗漏补给量的相关性中等，与降水量和河道渗漏补给量的相关性较差。

表 4.12   吐鲁番盆地地下水位埋深影响因素相关性矩阵

分　项	地下水位埋深	开采量	降水量	河道渗漏补给量	渠道渗漏补给量	田间灌溉入渗补给量
地下水位埋深	1.000	0.781	−0.246	−0.133	−0.450	−0.795
开采量	0.781	1.000	0.133	0.252	0.397	0.727
降水量	−0.246	0.133	1.000	0.127	−0.378	0.005
河道渗漏补给量	−0.133	0.252	0.127	1.000	−0.036	−0.284
渠道渗漏补给量	−0.450	0.397	−0.378	−0.036	1.000	−0.241
田间灌溉入渗补给量	−0.795	0.727	0.005	−0.284	−0.241	1.000

　　为了进一步反映出各影响因素对地下水位的共同影响，对地下水位埋深与降水量、开采量、河道渗漏补给量、渠道渗漏补给量和田间灌溉入渗补给量进行多元回归分析，回归模型参数见表 4.13，回归方程见式（5.1）：

$$H = 18.087 - 0.099X_1 + 0.346X_2 + 0.632X_3 - 3.25X_4 - 5.489X_5 \qquad (5.1)$$

式中：H 为地下水位埋深，m；X_1 为降水量，mm；X_2 为开采量，$10^8 \mathrm{m}^3$；X_3 为河道渗漏补给量，$10^8 \mathrm{m}^3$；X_4 为渠道渗漏补给量，$10^8 \mathrm{m}^3$；X_5 为田间灌溉入渗补给量，$10^8 \mathrm{m}^3$。

表 4.13   回归模型参数统计

模　型	非标准化系数		标准化系数	T	显著性
	系数	标准误差			
常数	18.087	6.171	—	2.931	0.017
降水量	−0.099	0.047	−0.095	−2.095	0.066
开采量	0.346	0.372	0.619	0.929	0.377
河道渗漏补给量	0.632	0.487	−0.159	1.298	0.227
渠道渗漏补给量	3.250	8.488	−0.357	0.383	0.711
田间灌溉入渗补给量	−5.489	3.475	−0.490	−1.579	0.149

　　标准化系数的绝对值大小可以表示不同因素对地下水位动态影响的重要性。回归模型参数统计结果表明地下水开采量对水位埋深的影响最大，田间灌溉入渗补给量次之，渠道渗漏补给量中等，降水量和河道渗漏补给量对地下水位影响较小。

　　其中模型的相关系数为 0.857，样本决定系数为 0.734。回归模型残差分析见表 4.14，结果表明：标准预测值在合理范围内变化时，标准化残差都在 −1.011～1.314 之间，变化范围小；方差统计显示，残差的方差接近 0；且 D-W 检验值为 1.305，可以确定残差项间无关，残差独立。综合以上各检验参数，表明该模型的拟合度非常好。

　　为了更加直观地验证回归模型的拟合效果，绘制出地下水位埋深模拟曲线及相对误差图，如图 4.31 所示，结果显示埋深实测值与拟合值非常接近，相对误差较小，也证明了该模型有较好的拟合效果。

表 4.14　　　　　　　　　　　回 归 模 型 残 差 分 析

分项	最小值	最大值	平均数	标准偏差	N
预测值	16.083	21.054	18.542	1.630	15
残差	−1.238	2.222	0.000	0.982	15
标准预测值	−1.509	1.541	0.000	1.000	15
标准残差	−1.011	1.314	0.000	0.802	15

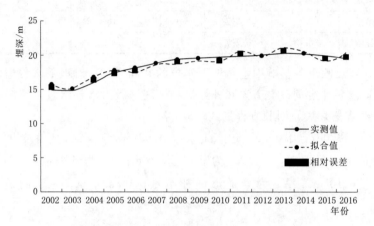

图 4.31　地下水位埋深模拟曲线及相对误差

第5章
吐鲁番盆地地下水功能评价

本章首先界定了吐鲁番盆地地下水具有资源功能和生态维持功能，在此基础上选择了资源功能和生态功能评价指标，采用层次分析法确定了各评价指标权重赋值。基于ArcGIS 空间分析技术，对吐鲁番盆地地下水资源功能和生态功能分别进行评价，划定了功能强、较强、一般和弱 4 个等级，分析了两大功能的空间分布特征以及各等级功能的面积。

5.1　地下水功能基本概念

5.1.1　地下水功能的定义及组成

地下水功能是指随着地下水的质量或数量的变化，对生态环境以及人类社会的影响。分为三大功能：资源功能、生态功能、地质环境保护功能。地下水的资源功能是指具有补给条件、储存条件和开采条件，且地下水循环正常，具有更新能力，地下水消耗后可得到稳定、有效补给的能力。地下水的生态功能是指地下水对其地表的植被、湖泊、湿地、观赏性名泉有维持作用，一旦地下水发生变化，地表的生态环境也相应发生变化，生态环境对地下水的变化十分敏感。地下水的地质环境保护功能是指地下水系统对其赋存的地质环境具有支撑作用，地下水变化会造成地质环境出现相应变化（恶性反应如地面沉降、水质污染等)[44]。

5.1.2　地下水功能作用

作为水资源重要的组成部分，地下水资源在人类社会和自然环境中有着不可估量的重要作用。其功能作用主要体现在影响人类社会生存发展、生态系统和地质环境的稳定等方面。综合来看，其作用主要是三大功能所体现出来的[16]。

（1）资源功能：指狭义的为人类社会经济供水的功能。而国际上的一些看法认为地下水资源不仅服务于人类，还服务于生态环境系统，属于具有更广意义的资源概念。生活用水、生态用水、生产用水这三大不同的方面都需要地下水系统的支持供给，不同的行业如工业、农业、林牧业等也把地下水作为重要的水源。地下水资源的供给能力，首先体现在水量上。地下水具备充足可持续的稳定补给，才能保障社会经济和生态环境系统的可持续发展。王浩等[111] 在研究中指出，在某一经济社会发展阶段，一定的开采利用条件和科学技术水平下，一定的水资源具有一定的支撑经济社会发展的能力，即水资源承载力，这个水资源承载力含义中很重要的一点就是指水资源的资源功能，与之对应，地下水资源也具有支撑经济社会发展的能力。地下水服务于各行各业，并作为不同用途的资源在社会生产发展的各个环节中流通，在地下水资源被利用的每一个环节都对水质有一定的要求。因此，地下水水质保护也是实现资源保障的重要内容。

（2）生态功能：地表水生态系统（河道基流、湿地、泉水等）和陆地非地带性植被都需要地下水的补给和调节。干旱及半干旱区平原天然绿洲更是需要地下水的支撑。地下水水位的下降和水质的恶化对地表生态系统会带来严重影响，造成诸如森林植被枯萎、草原面积萎缩等环境问题。因此，生态环境维持是地下水系统的主要作用之一。

（3）地质环境功能：地下水尤其是深层承压水具有维持地下压力平衡、防止地面下沉和塌陷的作用。承压水水位过度下降导致黏土层被压缩，这是很多地区地面沉降的主要原因。海水入侵和咸淡水混合同样是地下水超采导致水压力平衡被破坏的结果。土壤次生盐碱化也与地下水水位过高、水分蒸发浓缩有密切关系。鉴于这些问题的出现将会带给人类社会和生态环境严重的危害和不良影响，地下水在这方面的作用就很明显地凸显出来了，因此地下水系统还具有保障地质安全的作用。

通过对收集到的资料进行整理与分析，吐鲁番盆地基本上不存在因开采地下水而造成的地质环境恶化或地质灾害。因此，在吐鲁番盆地不对地质环境功能进行评价，只对地下水的资源和生态功能进行评价。

5.2　地下水功能评价技术方法

5.2.1　评价指标选取

（1）资源功能评价指标。吐鲁番盆地是一个四面环山的山间盆地，气温高、降水少，气候干旱，结合吐鲁番盆地的水文地质条件、地下水资源及开发利用情况等，资源功能评价指标主要选择：含水层富水性（单井涌水量）、地下水总补给模数、地下水资源模数、地下水可采模数等。通过这些指标对吐鲁番盆地地下水的补给、储存和开采条件进行评价。

（2）生态功能评价指标。根据 2018 年 10 月的人工现场调查结合土地利用图，吐鲁番盆地天然绿洲主要分布于托克逊县的夏乡，高昌区的艾丁湖乡、恰特喀勒乡，鄯善县的鲁克沁镇、达浪坎乡、迪坎乡等，位于人工绿洲与荒漠戈壁之间。天然绿洲区地下水位埋深一般在 0～30m，主要生长芦苇、骆驼刺、白刺、柽柳、盐穗木等。虽然这些植物较为耐旱，但是维系其正常生长、不至于永久凋萎，需要稳定的水分供应，在干旱区主要是依靠地下水来维系。根据吐鲁番林业部门相关规划，艾丁湖流域拟规划建设艾丁湖国家湿地公园，主要包括河流、湖泊、沼泽、人工塘坝四种类型的湿地，分布有芦苇、骆驼刺、柽柳、沙拐柳等沙生、盐生植物，以及其中国家二级保护动物白尾鹞和鹅喉羚。多年来，艾丁湖水影响着周边的植被生态，但随着湖水的季节性干涸，地下水成为影响湖周生态的重要因素。因此，生态功能评价指标主要选择天然植被分布、地下水位埋深。

吐鲁番盆地地下水功能评价主要指标见表5.1。

表5.1　　　　　　　　　　　吐鲁番盆地地下水功能评价主要指标

地下水功能	评 价 指 标
资源功能	单井涌水量、地下水总补给模数、地下水资源模数、地下水可采模数
生态功能	天然植被分布、地下水位埋深

5.2.2　评价方法

1. 层次分析法

层次分析法是将与决策总是有关的元素分解成目标、准则、方案等层次，在此基础上进行定性和定量分析的决策方法[112]。运用层次分析法大体上为三个步骤。

（1）构造判断矩阵。运用 AHP 得出的定量计算是通过对判断矩阵的数学处理完成，判断矩阵是目标层的要素与因素层的各个子要素进行成对比较的结果。确定因子后，采用 1～9 的比例尺度将各因子的重要性进行两两比较，建立判断矩阵，AHP 评价尺度见表5.2。

表5.2　　　　　　　　　　　　　　AHP 评 价 尺 度

成对比较标准	定义	内　　　　容
1	同等重要	两个要素具有同等的重要性
3	稍微重要	认为其中一个要素较另一个要素稍微重要
5	相当重要	根据经验与判断，强烈倾向于某一要素
7	明显重要	实际上非常倾向于某一要素
9	绝对重要	在两个要素比较时，某一要素非常重要，即一个要素明显强于另一个要素可控制的最大可能
上述数值的倒数		当甲要素与乙要素比较时，若被赋予以上某个标度值，则乙要素与甲要素比较时的权重就应该是那个标度的倒数

（2）检验判断矩阵的一致性。计算上述判断矩阵的最大特征根 λ，然后利用 $CI = (\lambda - n)/(n-1)$ 计算判断矩阵偏离完全一致性指标 CI，值越大，矩阵偏离完全一致性程度越高；根据 $CR = CI/RI$ 计算矩阵一致性指标 CR，当 $CR < 0.1$ 时，认为判断矩阵的一致性可接受，否则需对判断矩阵进行修正。其中 RI 为平均随机一致性指标，根据判断矩阵的阶数取值。

（3）计算权重。检验判断矩阵的一致性符合后，利用和积法、方根法等计算 λ 对应的特征向量，对特征向量进行归一化处理得到各因子的权重。

2. 指标分级评分

根据地下水功能指标的变化，结合前人的研究，对每个地下水功能指标划分为若干范围，并进行评分与分级，各指标评分为 0～1，评分越高，功能越强。

（1）资源功能指标评分。利用 ArcGIS 中的自然点间断法对单井涌水量、地下水总补给模数、地下水资源模数、地下水可采模数 4 个资源功能评价指标进行评分，评分标准见表 5.3。

表 5.3　　　　　　　　　　资源功能评价指标评分表

单井涌水量 /[m³/(d·m)]		地下水总补给模数 /[万 m³/(a·km²)]		地下水资源模数 /[万 m³/(a·km²)]		地下水可采模数 /[万 m³/(a·km²)]	
区间	评分	区间	评分	区间	评分	区间	评分
<2	0.1	0~36	0.1	0	0.1	0	0.1
2~20	0.3	36~72	0.3	0~40	0.3	0~17	0.3
20~200	0.6	72~108	0.6	40~64	0.6	17~40	0.6
200~1000	1.0	108~144	1.0	64~121	1.0	40~80	1.0

（2）生态功能指标评分。生态功能评价指标地下水位埋深、天然植被分布均表征地下水对植被的维持作用。根据实地调查及文献查阅[106-108]，在吐鲁番盆地，随着地下水位埋深逐渐增大，植物群落由灌木群落逐渐演替成草本群落。地下水位埋深大于 30m，多为耐旱植物，从生长多种植被（梭梭、柽柳、花花柴、刺山柑等）演替为生长花花柴、刺山柑的演替模式；地下水位埋深 10~30m，多为耐旱、耐盐碱植物，由芦苇、骆驼刺、白刺的生物群落演替为生长单一骆驼刺的演替模式；地下水位埋深小于 10m 的地区，多为耐盐碱植物，从芦苇、盐穗木、柽柳演替为只生长盐穗木或柽柳的模式。评分标准见表 5.4。

表 5.4　　　　　　　　　　生态功能评价指标评分表

地 下 水 位 埋 深		天 然 植 被 分 布	
埋深/m	评分	天然植被分布	评分
0~10	1.0	天然植被	1.0
10~30	0.6		
>30	0.3	其余	0
山区	0.1		

3. 指标赋权重

地下水功能评价时通过层次分析法对各评价指标赋权重，表示该指标的影响程度，权重越大，则其影响越大，权重越小，则其影响也越小，最大权重值为 1，最小为 0。

根据实际情况，吐鲁番盆地气候干旱，地下水资源功能需重视，吐鲁番盆地内天然绿洲对生态环境意义重大，地下水生态功能需重视，这两个要素重要度比值为 1。利用和积法将成对比较表中各列加和，按列归一化，将归一化后同一行的各列相加后除以 2 即得两大功能的权重。属性层均只有一个，故继承功能层的权重，再用同样的方法计算得因子层的权重。

各评价指标的权重值见表 5.5。

表 5.5　　　　　　　　　　　　　评 价 指 标 权 重 值

目标层	功　能　层		属　性　层		因　子　层	
	名称	权重	名称	权重	名称	权重
吐鲁番盆地地下水功能评价	资源功能	0.5	可采潜力	0.5	单井涌水量	0.125
					地下水总补给模数	0.125
					地下水资源模数	0.125
					地下水可采模数	0.125
	生态功能	0.5	生态敏感性	0.5	地下水位埋深	0.25
					天然植被分布	0.25

4. 功能评价分级

利用 ArcGIS 软件对各指标进行归一化和栅格化处理，将各单项指标乘以权重，进行图层间的叠加分析，分别计算资源功能指数（Dr）和生态功能指数（De），并利用 ArcGIS 的分类法，将评价结果进行分级。各种功能指数计算见式（5.1）及式（5.2），功能分级见表 5.6。

（1）资源功能指数。资源功能指数（Dr）计算公式如下：

$$Dr = 0.125 \times D + 0.125 \times G + 0.125 \times Z + 0.125 \times A \tag{5.1}$$

式中：D 为单井涌水量；G 为地下水总补给模数；Z 为地下水资源模数；A 为地下水可采模数。

（2）生态功能指数。生态功能指数（De）计算公式如下：

$$De = 0.25 \times L + 0.25 \times N \tag{5.2}$$

式中：L 为地下水位埋深；N 为天然植被分布。

由式（5.1）及式（5.2）可得到资源功能、生态功能指数，计算所得指数分级评分标准见表 5.6。利用 ArcGIS 的分类法得到功能评价结果图。

表 5.6　　　　　　　　　地下水功能评价结果分级评分表

等级	强	较强	一般	弱
分级指数	>0.7	0.4～0.7	0.2～0.4	<0.2

5.3　基于 GIS 的功能评价

5.3.1　资源功能评价

1. 评价基础图层

资源功能评价基础图层有：吐鲁番盆地含水层单井涌水量、地下水总补给模数、地下水资源模数、地下水可采模数 4 个图层。

评价时根据含水层富水性（单井涌水量）、地下水总补给模数、地下水资源模数、地下水可采模数等划分为资源功能强区、资源功能较强区、资源功能一般区和资源功能弱区。

　　艾丁湖流域吐鲁番盆地含水层富水性分区如图 5.1 所示。吐鲁番盆地内绝大部分平原区及盆地山前戈壁带所在含水层为松散岩类孔隙水，富水性较好，单井涌水量 200～1000m³/（d·m），水量丰富；东部紧邻库木塔格沙漠局部地区属于富水性较差的松散岩类孔隙水，单井涌水量小于 2m³/（d·m），水量极贫乏；盆地中部火焰山地区含水层主要是碎屑岩类裂隙孔隙水，单井涌水量小于 2m³/（d·m），富水性差，水量贫乏。

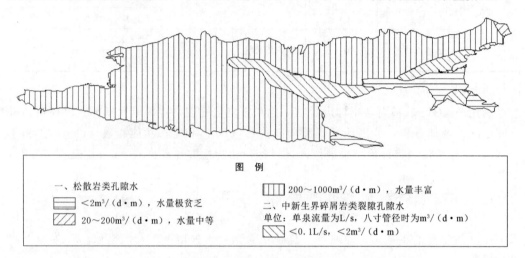

图 5.1　艾丁湖流域吐鲁番盆地含水层富水性分区图

　　吐鲁番盆地地下水总补给模数评价如图 5.2 所示。总补给模数高的区域主要分布于托克逊县夏乡东部小面积、高昌区恰特喀勒乡南部的一小部分，总面积很小，总补给模数为 108 万～144 万 m³/（a·km²）；总补给模数较高的区域主要位于吐鲁番盆地内，分布于托克逊县的夏乡，高昌区的胜金乡和恰特喀勒乡南部很小的一部分，面积较小，总补给模数为 72 万～108 万 m³/（a·km²）；总补给模数一般为 36 万～72 万 m³/（a·km²）的区域主要分布于托克逊县的博斯坦乡，高昌区的艾丁湖乡、恰特喀勒乡和葡萄乡，鄯善

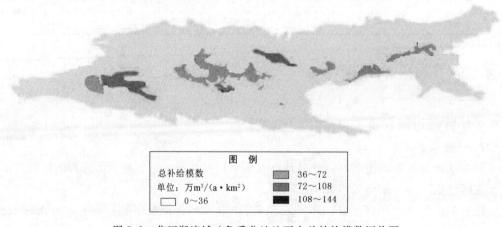

图 5.2　艾丁湖流域吐鲁番盆地地下水总补给模数评价图

县的吐峪沟、连木沁镇、东巴扎乡和七克台镇沿火焰山北部分布；吐鲁番盆地其余区域总补给模数很小。

吐鲁番盆地地下水资源模数评价如图 5.3 所示。资源模数高的区域主要分布于托克逊县的夏乡、博斯坦乡东部部分，以及恰特喀勒乡南部的一小部分，总面积较小，资源模数为 64 万～121 万 $m^3/(a \cdot km^2)$；资源模数较高的区域主要位于吐鲁番盆地内，分布于高昌区的艾丁湖乡、恰特喀勒乡、二堡乡、葡萄乡、胜金乡和亚尔乡很小的一部分，鄯善县的连木沁镇、东巴扎乡和七克台镇沿火焰山北部分布，面积相对较大，资源模数为 40 万～64 万 $m^3/(a \cdot km^2)$；资源模数一般为 0～40 万 $m^3/(a \cdot km^2)$ 的区域分布于吐鲁番盆地的山前戈壁带，以及托克逊县南部的山前地带，面积较大。

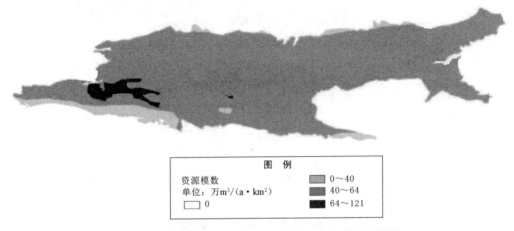

图例	
资源模数	0～40
单位：万 $m^3/(a \cdot km^2)$	40～64
0	64～121

图 5.3　艾丁湖流域吐鲁番盆地地下水资源模数评价图

吐鲁番盆地地下水可采模数评价如图 5.4 所示。可采模数高的区域主要分布于托克逊县的夏乡、高昌区的胜金乡、恰特喀勒乡南部的一小部分，总面积较小，可采模数位于 40 万～81 万 $m^3/(a \cdot km^2)$；可采模数较高的区域主要位于吐鲁番盆地内，分布于托克逊县的依拉湖乡和博斯坦乡，高昌区的艾丁湖乡、恰特喀勒乡、二堡乡、葡萄乡和亚

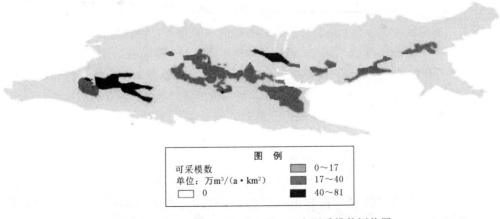

图例	
可采模数	0～17
单位：万 $m^3/(a \cdot km^2)$	17～40
0	40～81

图 5.4　艾丁湖流域吐鲁番盆地地下水可采模数评价图

尔乡很小的一部分，鄯善县的鲁克沁镇、连木沁镇、东巴扎乡和七克台镇北部，面积相对较大，可采模数为 17 万～40 万 m³/(a·km²)；可采模数一般为 0～17 万 m³/(a·km²) 的区域在吐鲁番分布很小；吐鲁番盆地其余区域可采模数很小。

2. 评价结果

在 ArcGIS 中，根据式（5.1）进行图层叠加计算，得到吐鲁番盆地地下水资源功能的评价结果，资源功能空间分布如图 5.5 所示。地下水资源功能评价各等级面积统计见表 5.7。

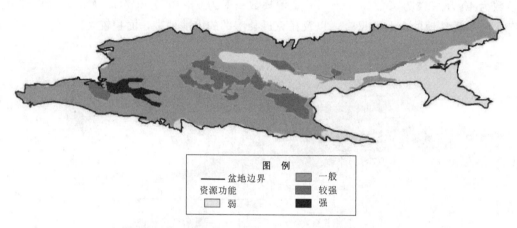

图 5.5　艾丁湖流域吐鲁番盆地地下水资源功能评价图

表 5.7　　　　　　　　　吐鲁番盆地地下水资源功能评价各等级面积统计

等　级	分　　布	面积/km²	比例/%
资源功能强	托克逊县的郭勒布依乡和夏乡	239	2.03
资源功能较强	火焰山北侧胜金乡、连木沁镇、七克台镇以及南侧鲁克沁镇、吐峪沟、葡萄乡和恰特喀勒乡	907	7.70
资源功能一般	盆地内部、山前戈壁带及托克逊县和高昌区南部山前	8578	72.86
资源功能弱	火焰山和沙漠东部	2050	17.41

资源功能强区主要分布于托克逊县的郭勒布依乡和夏乡，面积为 239km²，占总面积的 2.03%。本区含水层厚 10～40m，第四系冲洪积卵砾石、砂砾石，地下水位埋深为 0～50m，资源占有性强，单井涌水量 200～1000m³/(d·m)，水量丰富，资源可利用性和再生性强，主要由托克逊县西部及南部山区和盆地东侧的侧向补给，该区可规模开采。

资源功能较强区主要分布于火焰山北侧胜金乡、连木沁镇、七克台镇以及南侧鲁克沁镇、吐峪沟、葡萄乡和恰特喀勒乡，面积为 907km²，占总面积的 7.70%。本区地下水资源占有性强，补给能力较强，主要接受山区地表河流出山口后转入的地下水，含水层厚度为 50～300m，岩性由山前的砂砾石逐渐过渡至中粗砂、细砂，在南盆地过渡为黏土、细砂及艾丁湖黏土，地下水位埋深在盆地内部 50～200m，山前地带水位埋深大于 200m，单井涌水量 200～1000m³/(d·m)，水量丰富，北盆地径流条件好，矿化度低，南盆地地下水径流区和排泄区，径流条件差，矿化度较高，在该区可适度开采。

资源功能一般区主要分布于盆地内部、山前戈壁带及托克逊县和高昌区南部山前，地下水补给主要来源于北部天山山脉，面积 8578km²，占总面积的 72.86%。本区地下水资源占有性较强，含水层厚度较大，分布基岩裂隙水，水量丰富，水质较好。

资源功能弱区主要是火焰山和沙漠东部，面积 2050km²，占总面积的 17.41%。本区地下水资源占有性、补给性较差，主要是基岩裂隙水，单井涌水量很小。

5.3.2 生态功能评价

1. 评价基础图层

地下水生态功能评价的基础图层有：2017 年天然植被分布图层、2017 年地下水位埋深分布图层。

评价时根据天然绿洲分布、地下水位埋深等划分为生态功能强区、生态功能较强区、生态功能一般区和生态功能弱区。

艾丁湖流域吐鲁番盆地 2017 年地下水位埋深分布如图 5.6 所示。北盆地山前带地下水位埋深较大，一般大于 200m。由北向南逐渐变浅，至火焰山北侧水位埋深小于 1m；南盆地靠近火焰山水位埋深较浅，在 30m 内，径流带水位埋深变大，至地下水排泄带，水位埋深呈环艾丁湖状，艾丁湖水位埋深达到最浅。

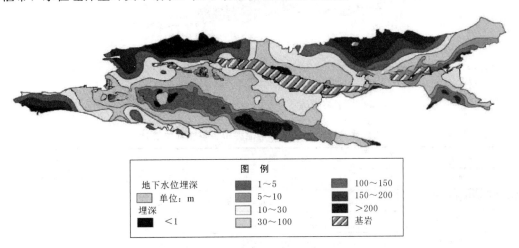

图 5.6 艾丁湖流域吐鲁番盆地地下水位埋深分布图（2017 年）

艾丁湖流域吐鲁番盆地天然植被分布如图 5.7 所示。天然植被主要分布于盆地中部人工绿洲与戈壁荒漠之间，处于人工绿洲的下游。

2. 评价结果

在 ArcGIS 中，根据式（5.2）进行图层叠加计算，得到吐鲁番盆地地下水生态功能的评价结果，生态功能空间分布如图 5.8 所示。地下水生态功能评价各等级面积统计见表 5.8。

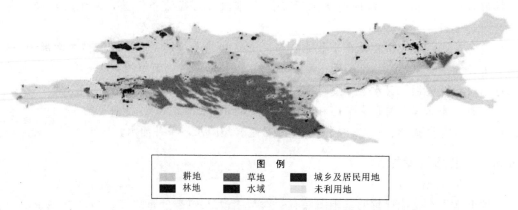

图 5.7 艾丁湖流域吐鲁番盆地天然植被分布图

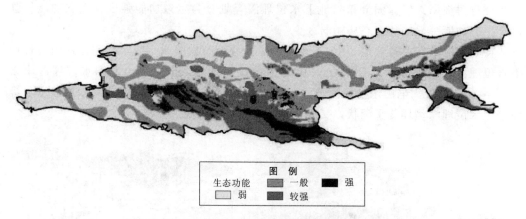

图 5.8 艾丁湖流域吐鲁番盆地地下水生态功能评价图

表 5.8 吐鲁番盆地地下水生态功能评价各等级面积统计

等 级	分 布	面积/km²	比例/%
生态功能强	艾丁湖乡、达浪坎乡、迪坎乡	838	7.17
生态功能较强	人工绿洲与荒漠戈壁之间的天然绿洲	2189	18.72
生态功能一般	零星分布于盆地内部	2029	17.35
生态功能弱	盆地北戈壁带和南部荒漠山前	6636	56.76

　　生态功能强区主要分布于艾丁湖乡、达浪坎乡、迪坎乡，分布有芦苇、骆驼刺、柽柳、沙拐柳等沙生、盐生植物，植被生态是多年演化的结果，通过地下水进行维持，面积 838km²，占总面积的 7.17%；生态功能较强区位于人工绿洲与荒漠戈壁之间的天然绿洲，面积 2189km²，占总面积的 18.72%；生态功能一般区零星分布于盆地内部，北盆地面积较大，地下水埋藏深度大于 30m，多为耐旱植物，面积 2029km²，占总面积的 17.35%；生态功能弱区位于盆地北戈壁带和南部荒漠山前，面积 6636km²，占总面积的 56.76%。

第 6 章
吐鲁番盆地地下水功能区划分

本章根据吐鲁番盆地水文地质条件、天然植被分布、坎儿井分布、水资源开发利用状况、规划期地下水资源配置特点等，建立了吐鲁番盆地地下水功能区二级区划体系，确定了各二级分区的划分依据和划分标准，在 ArcGIS 技术支持下，完成了吐鲁番盆地地下水二级功能区划分。最后明确了各类功能区的功能及开发利用控制要求。

6.1　划分原则与总体思路

6.1.1　划分原则

地下水功能区划应当以科学发展观为指导，体现对地下水实行开发中保护、保护中开发的指导思想；以优化配置地下水资源和提高利用效率和效益为目标；充分利用地下水资源综合调查评价阶段的成果，做到与其衔接协调。地下水功能区划的原则是功能区划工作方法的具体体现，同时也是顺利开展功能区划工作的前提、关键和基础。我国地下水功能区划遵循的原则有如下几个方面。

（1）人水和谐、科学利用原则。应统筹协调经济社会发展与生态、环境保护的关系，科学制定地下水合理开发与保护目标，促进地下水资源的可持续利用。

（2）保护优先、合理开发原则。应充分考虑地下水对外界扰动的滞后性和因其赋存条件的特殊性使其遭受破坏后难以治理和修复的特点，坚持在保护地下水的前提下，进行合理适度的开发利用。

（3）统筹协调、全面兼顾原则。应统筹协调地下水不同使用功能之间的关系；应综合考虑不同用水性质之间、不同地域之间、开发利用与保护之间、供需之间、地下水与地表水之间的关系。

（4）因地制宜、突出重点原则。不同地域地下水赋存条件，开发现状，资料条件和主要问题相差甚远，应结合实际确定功能区划分工作的重点。

（5）便于管理、注重实用原则。地下水功能区划分不仅应考虑研究区水文地质特点，还应结合行政区界限并兼顾流域管理的需要，充分体现其服务职能。

（6）技术可行、经济约束原则。地下水功能区划受到经济条件和技术水平的限制。若对地下水环境质量要求过高，则使得经济发展受到制约，技术上也难以企及；反之则达不到控制污染、保护水源的目的。所以，应当根据实际情况制定最合理的功能区目标，在一定程度上确保其可达性。

6.1.2　总体思路

根据地下水的自然资源与环境属性、国家对地下水资源开发利用和保护的总体部署、生态与环境保护的目标要求，以地下水主导功能划分地下水功能区，统筹安排未来一段时期内经济社会发展对地下水资源的需求，统一调配流域和区域水资源。

系统分析地下水资源开发利用现状及存在的问题，根据地下水功能区的主导功能，兼顾其他功能的用水要求，因地制宜确定地下水功能区的开发利用和保护目标，提出地下水开发利用的总量控制目标、维系供水安全的水质保护目标和维系地下水良好循环的合理生态水位控制目标。

本次地下水功能区划分范围为艾丁湖流域吐鲁番盆地平原区，划分对象为浅层地下水。

6.2　地下水功能区划分体系

为便于流域机构和各级水行政主管部门对地下水资源分级进行管理和监督，根据区域地下水自然资源属性、生态与环境属性、经济社会属性和规划期水资源配置对地下水开发利用的需求以及生态与环境保护的目标要求，参照《地下水功能区划分技术大纲》[43]（简称《大纲》）要求，并根据吐鲁番盆地实际情况，地下水功能区按两级划分。

地下水一级功能区划分为开发区、保护区、保留区 3 类，主要协调经济社会发展用水和生态与环境保护的关系，体现国家对地下水资源合理开发利用和保护的总体部署。

在地下水一级功能区的框架内，根据地下水资源的主导功能，划分为 6 类地下水二级功能区，其中，开发区划分为集中式供水水源区和分散式开发利用区 2 类二级功能区，保护区划分为生态脆弱区、坎儿井保护区 2 类二级功能区，保留区划分为不宜开采区、储备区 2 类二级功能区。地下水二级功能区主要协调地区之间、用水部门之间和不同地下水功能之间的关系。地下水功能区划分体系见表 6.1。

表 6.1　　　　　　　　　吐鲁番盆地地下水功能区划分体系

地下水一级功能区		地下水二级功能区	
名　称	代　码	名　称	代　码
开发区	1	集中式供水水源区	P
		分散式开发利用区	Q
保护区	2	生态脆弱区	R
		坎儿井保护区	S
保留区	3	不宜开采区	U
		储备区	V

6.3　地下水功能区划分标准

本次各类功能区的划分标准主要是依据吐鲁番盆地特点确定，与《大纲》有一定区别。具体是：划分集中式供水水源区和分散式开发利用区采用的可开采模数标准与《大纲》不同；本次提出了坎儿井保护原则、划分依据和划分方法，《大纲》中没有涉及坎儿井内容；细化了生态脆弱区的划分方法。

6.3.1　开发区

吐鲁番盆地开发区划分为集中式供水水源区、分散式开发利用区 2 个亚类。具体划分依据情况如下。

1. 集中式供水水源区

《大纲》中规定集中式供水水源区地下水可开采模数不小于 10 万 $m^3/(a \cdot km^2)$；日开采量 1 万 m^3 以上的水源地单独划出。根据吐鲁番盆地目前的集中式水源地开采规模，本次将日开采量在 5000m^3 以上的集中式供水水源地单独划出。

目前，吐鲁番盆地日开采量 5000m^3 以上的地下水供水水源地有 10 个，水源地位置、开采量、水质、管理等基本情况见表 6.2～表 6.4。这些水源地的地下水可开采模数在 200 万 $m^3/(a \cdot km^2)$ 以上，水质良好，属于《地下水质量标准》（GB/T 14848—2017）[113] 中的 I 类～Ⅱ类水质，矿化度大都小于 1g/L。

表 6.2　　　　　　　　　吐鲁番盆地地下水水源地基本情况（1）

序号	水源地	县（区）	水源地所在水系	东经	北纬	主要取水用途	水源地类型	投产时间/a	取水规模/（万 m^3/a）	供水人口/万人
1	一碗泉	高昌区	艾丁湖	88°51′	43°14′	饮用、工业	浅层地下水	1993	1310	7.27
2	红星渠首	高昌区	艾丁湖	88°51′	43°13′	饮用、工业	浅层地下水	2002	1261	
3	大草湖水源地	高昌区	艾丁湖	88°44′	43°01′	饮用、工业	浅层地下水	2014	946	17.5
4	第一自来水公司水源地	鄯善县	艾丁湖	90°13′	42°54′	饮用、工业	浅层地下水	1985	321.5	3

注　表中数据来源于《新疆城市饮用水水源地安全保障规划》成果。

表 6.3　　　　　　　　　吐鲁番盆地地下水水源地基本情况（2）

序号	水源地	县（区）	乡（镇）	投入运行时间/年	规模以上机电井数/眼	是否为单位自备水源地	水源类型	主要取水用途	水质类别	有无水质监测资料
1	新疆沈宏集团小阴沟水源地	高昌区	七泉湖镇	2001	5	否	浅层地下水	工业	I	无水质监测资料
2	华电公司水源地	托克逊县	夏乡	2004	10	是	浅层地下水	工业	I	有水质监测资料
3	圣雄公司水源地	托克逊县	阿乐惠镇	2008	5	是	浅层地下水	工业	I	有水质监测资料
4	工业园区水源地	托克逊县	托克逊镇	2007	7	是	浅层地下水	城镇生活	I	有水质监测资料
5	欣叶公司水源地	托克逊县	托克逊镇	2008	2	是	浅层地下水	工业	I	有水质监测资料
6	雪银公司水源地	托克逊县	托克逊镇	1998	4	是	浅层地下水	工业	I	有水质监测资料

注　表中数据来源于水利普查成果。

表6.4　　　　　　　　吐鲁番盆地地下水水源地基本情况（3）

序号	水源地	多年平均年可开采量/万 m³	设计年取水量/万 m³	2011年取水量/万 m³	是否已划分保护区	已办理取水许可证的规模以上机电井井数/眼	年许可取水量/万 m³	管理单位名称
1	新疆沈宏集团小阴沟水源地	380	340	280.3	否	5	250	新疆沈宏集团
2	华电公司水源地	230	225	224	否	10	225	新疆华电吐鲁番发电有限公司
3	圣雄公司水源地	410	400	320	否	5	400	新疆圣雄能源有限公司
4	工业园区水源地	230	210	186	否	7	210	托克逊县能源重化工业园区领导小组办公室
5	欣叶公司水源地	265	260	130	否	2	140	托克逊县欣叶化学盐化有限责任公司
6	雪银公司水源地	230	210	184.3	否	4	160	托克逊县雪银硫铜开发有限公司

注　表中数据来源于水利普查成果。

艾丁湖流域吐鲁番盆地水源地分布如图6.1所示。

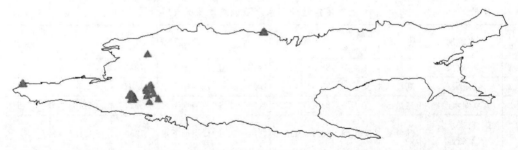

图6.1　艾丁湖流域吐鲁番盆地水源地分布图

2. 分散式开发利用区

由于吐鲁番盆地降水稀少，没有水就没有绿洲，因此，吐鲁番盆地灌区是地下水开发利用的主要区域。从目前的开发利用格局看，灌区主要分布在盆地中部的火焰山-盐山两侧，即北盆地和南盆地，并且以南盆地为主要开发区。开采井外边线基本与灌区分布一致。吐鲁番盆地灌区分布如图6.2所示、开采井分布如图6.3所示。

《大纲》中规定开发区多年平均地下水可开采模数不小于2万 m³/(a·km²)。根据吐鲁番盆地地下水资源评价结果，吐鲁番盆地灌区多年平均地下水总补给模数为20万～40万 m³/(a·km²)，可开采模数为15万～25万 m³/(a·km²)。目前灌区水质大都为《地下水质量标准》（GB/T 14848—2017）中规定的Ⅲ类水，局部为Ⅳ类水，能满足工农业用水的需求。吐鲁番盆地地下水水源地基本情况详见表6.2。

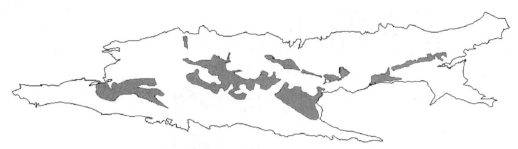

图 6.2 艾丁湖流域吐鲁番盆地灌区分布图

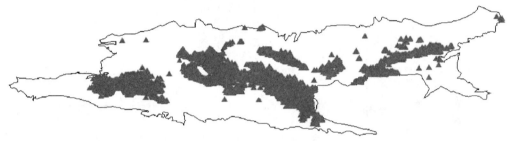

图 6.3 艾丁湖流域吐鲁番盆地开采井分布图

根据《大纲》中划分依据，结合功能评价结果，资源功能为其主导功能，从功能定位上吐鲁番盆地灌区应划分为地下水分散式开发利用区。

6.3.2 保护区

艾丁湖流域吐鲁番盆地保护区划分为生态脆弱区、坎儿井保护区 2 个亚类。具体划分依据情况如下。

1. 生态脆弱区

吐鲁番盆地地处内陆干旱地区，年均降水量只有 16mm，生态极其脆弱，水资源的合理利用，特别是地下水的合理开发对盆地的生态环境保护至关重要。

天然情况下，盆地下游的艾丁湖是本地区所有水资源的汇集地和水量耗散地，近 10 多年来，由于盆地上游水资源利用量增加，特别是机井开采量的剧烈增加，使得艾丁湖入湖水量日渐减少，近年已经变成季节性湖泊。湖盆周边植被退化、土地沙化、荒漠化问题应引起重视。在艾丁湖以南的区域是库木塔格沙漠，为了防止沙漠化进一步加剧，应该保护艾丁湖周边的天然绿洲，主要植被是骆驼刺。在艾丁湖流域吐鲁番盆地以南地区分布有"罗布泊野骆驼国家级自然保护区"，该保护区与吐鲁番盆地地理位置关系如图 6.4 所示。

根据生态功能评价结果，此区的生态功能较强，生态功能为主导功能。根据 2018 年 10 月的人工现场调查结合土地利用图，在吐鲁番盆地平原地区分布有片状的灌区，灌区外围是戈壁滩地。天然绿洲主要分布于托克逊县的夏乡，高昌区的艾丁湖乡、恰特喀勒乡，鄯善县的鲁克沁镇、达浪坎乡、迪坎乡等，位于人工绿洲和戈壁滩地之间，主要依靠地下水维持，具有保持水土、防风固沙、控制荒漠化的作用，为了保护人工绿

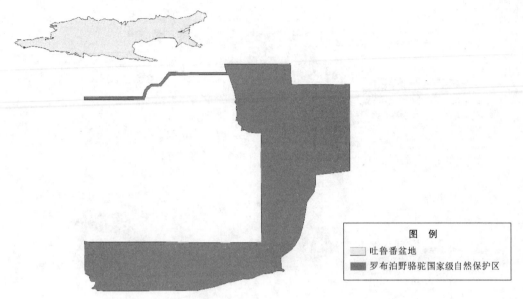

图 6.4　罗布泊野骆驼国家级自然保护区分布示意图

洲，应该在人工绿洲外侧维持一定规模的天然绿洲。天然绿洲区地下水位埋深 0～30m，在地下水位埋深 10～30m 的地区，从生长芦苇、骆驼刺、白刺的生物群落演替为生长单一骆驼刺的演替模式，在地下水位小于 10m 地区，从生长芦苇、盐穗木、柽柳演替为只生长盐穗木或柽柳的演替模式生长植物。虽然这些植物较为耐旱，但是维系其正常生长不至于永久凋萎，应保持稳定的水分供应，这在干旱区需要依靠地下水来维系。因此应将此天然绿洲区划为生态脆弱区。吐鲁番盆地天然植被分布及生态脆弱保护区划分范围如图 6.5 所示。

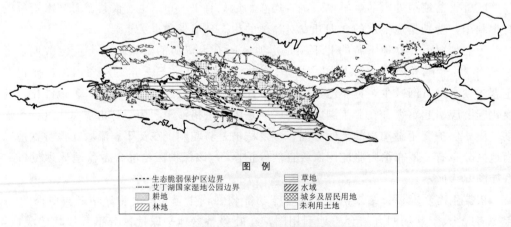

图 6.5　艾丁湖流域吐鲁番盆地天然植被分布图

2. 坎儿井保护区

根据吐鲁番水利局提供的资料[114]，截至 2015 年年底，全市有水坎儿井为 214 条，坎儿井分布如图 6.6 所示,其中:高昌区 134 条,鄯善县 77 条,托克逊县 27 条。有水坎儿井中最大流量为 244.9L/s,最小流量为 0.2L/s,总出水量为 7353.91L/s。

图 6.6　艾丁湖流域吐鲁番盆地坎儿井分布示意图

（1）制定以下坎儿井保护原则:对出水流量大于 50L/s 坎儿井进行保护。坎儿井现有出水流量差异较大,在 0.2～244.9L/s 之间。流量太小,保护难度较大;流量过大,总体保护程度偏低。因此,选择流量频率相对较大,具有一定出水规模的坎儿井进行保护。通过分析,确定受保护坎儿井出流量下限值为 50L/s。

（2）对已经规划了水利工程的河流下游坎儿井酌情进行保护。

（3）目前由于南盆地的地下水开采程度较大,地下水水位在短期难以恢复,因此,应以北盆地中的坎儿井为主要保护对象。

根据以上坎儿井保护原则,确定吐鲁番盆地保护坎儿井 19 条,其中:高昌区 5 条、托克逊县 7 条、鄯善县 7 条,合计出流量 5810 万 m³/年,占现有坎儿井总出流量的 25%。

坎儿井保护区范围划定:根据《新疆维吾尔自治区坎儿井保护条例》[115] 第十七条,对坎儿井水源第一口竖井上下各 2km、左右各 700m 范围内划定坎儿井保护范围,划定吐鲁番盆地坎儿井保护区范围约 167.06km²。第一口竖井是坎儿井水源的最重要通道,因此应在第一口竖井上下游一定范围内加强水源保护,禁止开采。

吐鲁番盆地坎儿井保护基本情况见表 6.5,保护区划分如图 6.7 所示。

表 6.5　　吐鲁番盆地坎儿井保护基本情况

县（区）	乡镇	村	坎儿井名称	坎儿井长度/m	流量/(L/s)	流量/(万 m³/年)
高昌区	恰特喀勒乡	恰特喀勒村	恰特喀勒吐尔坎儿孜	5500	70.3	221.70
	恰特喀勒乡	拜什巴拉坎儿孜村	铁热克坎儿孜	5200	67.6	213.18
	原种场	3 队	琼坎儿孜	8100	65.5	206.56
	原种场	2 队	英坎儿孜	5500	58.8	185.43
	葡萄乡	霍依拉坎儿孜村	阿扎提坎儿孜	500	51	160.83
	小计			24800	313.20	987.71

续表

县（区）	乡镇	村	坎儿井名称	坎儿井长度/m	流量/(L/s)	流量/(万 m³/年)
托克逊县	郭勒布依乡	西马力卡拉西村	尼吉木巴依坎儿孜	3300	207	652.80
	郭勒布依乡	西马力卡拉西村	塔西买买提坎儿孜	4000	83	261.75
	郭勒布依乡	3 大队	米尔扎木坎儿孜	5000	76	239.67
	郭勒布依乡	卡热布拉克村	布拉克坎儿孜	6000	73	230.21
	郭勒布依乡	卡热布拉克村	卖塔克阿吉琼坎儿孜	5600	68	214.44
	郭勒布依乡	卡热布拉克村	居结克坎儿孜	4500	64	201.83
	郭勒布依乡	且克曼坎儿孜村	阿扎提坎儿孜	6500	53	167.14
	小计			34900	624.00	1967.85
鄯善县	连木沁镇	连木沁巴扎村	多勒昆琼坎儿孜	4000	244.90	772.32
	连木沁镇	连木沁坎村	英坎儿孜	3000	216.90	684.02
	连木沁镇	连木沁巴扎村	多勒昆克其克坎儿孜	4500	119.00	375.28
	连木沁镇	苏克夏村	喀热阿库里坎儿孜	3300	110.38	348.09
	连木沁镇	曲王坎村	琼坎儿孜	3000	87.56	276.13
	连木沁镇	知青农场	扩那（老坎）坎儿孜	1300	74.12	233.74
	连木沁镇	胡加木阿里迪村	吉勒尕坎儿孜	2474	52.19	164.59
	小计			21574	905.05	2854.17
合　计				81274	1842.25	5809.72

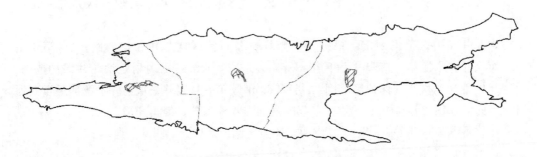

图 6.7　艾丁湖流域吐鲁番盆地坎儿井保护区划分图

6.3.3　保留区

艾丁湖流域吐鲁番盆地保留区划分为不宜开采区、储备区 2 个亚类。具体划分依据情况如下。

（1）不宜开采区。吐鲁番盆地东南部紧邻库木塔格沙漠地区，降水稀少，地下水资源量很小，不具备开发利用条件，应划分为地下水不宜开采区。

（2）储备区。吐鲁番盆地地表河流出山口后很快即转入地下，对地下水进行补给，山前戈壁带地下水量较为丰富，单井涌水量 $200\sim1000\mathrm{m}^3/(\mathrm{d}\cdot\mathrm{m})$，岩性为第四系冲洪积卵砾石、砂砾石，地下水补给能力较强。山前地带地下水埋藏较深，一般埋深大于100m，地下水利用难度较大。山前地带主要由地表水和渠道渗漏水补给，水流方向是向盆地中部径流，属于地下水补给-径流区。本区应禁止开采，以保证盆地中下部地下水能正常开采，因此，山前地带应划分为地下水储备区。

6.4 地下水功能区划分的技术流程

地下水功能区划分的主要内容是分析地下水现状功能、指定功能和潜在功能有无矛盾，并求得统一。根据《大纲》，结合吐鲁番地区地下水实际资源特点，本书拟定的地下水功能区划步骤如下。

1. 收集基础资料

收集各县（市）水文及水文地质、地下水监测、生态与环境状况调查、社会经济等方面的基础资料；已有或正在编制的流域和区域以及城市水资源规划、地下水开发利用规划以及社会经济、农业、城市、土地利用规划和生态与环境建设治理与修复等方面的规划成果；地下水相关的各类科研和试验成果。

地下水水域勘察主要包括：地表水水文及水环境状态；用水部门及用水情况，主要污染源分布、废污水水质及排放量；城镇人口、工矿企业分布及产值；地下水开采量及不同用水情况、地下水水质、地下水位动态变化；用水量预测、工业及生活废污水排放量预测；开采地下水有无产生地质灾害、地质灾害类型及成因分析等。

2. 分析现有资料

在充分掌握基础资料的前提下分析评价地下水资源数量、质量、可开采量及其空间分布，调查地下水开发利用现状，分析开发利用和保护中存在的主要问题，通过分析水体现状使用功能以及水体的潜在功能，并结合用水部门对水体提出的今后使用功能，供水状态，用水部门的要求，水污染防治工作状况，经济技术发展状况，在兼顾水文地质单元或供水区域上、下游关系的基础上，确定功能区的划分方案。

3. 建立数据库

在地下水功能评价与区划的研究过程中，需要建立地下水数据库用于存储相关的图形信息和属性信息，以便全面反映研究区地下水的情况。

基于 ArcGIS 对收集到的资料空间矢量化、投影、统一坐标系，对吐鲁番盆地地下水专题图、监测数据、调查报告等数据整理分析，建立地下水数据库。

吐鲁番盆地地下水功能区划相关图层见表6.6。

4. 地下水功能评价

通过分析吐鲁番盆地含水层厚度、岩性、地下水位埋深、富水性、单井涌水量、水质、资源占有性、资源再生性、资源调节性、资源可用性、地下水储量、土壤盐渍化、地下水对陆表植被湖泊湿地绿洲等的维持作用、泉流量变化等，对资源功能、生态功能、地质环境功能进行功能评价。

表 6.6　　　　　　　　　　　吐鲁番盆地地下水功能区划相关图层

图　类	图层类型	图层反映的信息
行政区划图	面	县、乡、村三级行政区划
水文地质图	面	细化 1∶50 万调查成果图
机井分布	点	井位等基本信息
地下水类型	面	松散岩类孔隙水、中新生界碎屑岩类裂隙孔隙水、基岩裂隙水、冻结层水四类
地下水位埋深及等水位线图	面	地下水位埋深信息
含水层厚度分布图	面	盆地内含水层厚度分布
机井分布图	点	井位等基本信息
水源地分布图	点	水源地位置、用水量等
灌区分布图	面	灌区的分布与面积
地下水资源	面	降补模数、总补给模数、资源模数、可采量等
地下水水质	点	取样点的水质情况

5. 地下水功能区划分

根据吐鲁番盆地现有水资源特点，统筹考虑地下水资源及其开发利用状况、区域生态与环境保护目标要求，合理确定地下水主导功能。基于主导功能划分地下水功能区，不同地下水功能之间不能重叠。

6.5　功能区划分成果

根据《大纲》中的相关技术要求，结合吐鲁番盆地在地下水功能区划分中具体应考虑的因素，对吐鲁番盆地 1 区 2 县进行了地下水功能区划分。共划分了 37 个地下水二级功能区。艾丁湖流域吐鲁番盆地地下水二级功能区划分如图 6.8 所示。

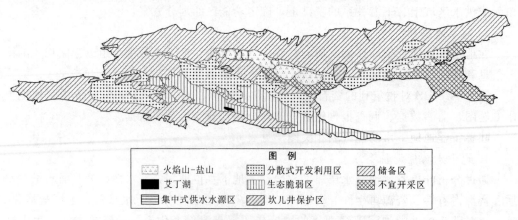

图 6.8　艾丁湖流域吐鲁番盆地地下水二级功能区划分

6.5.1　一级功能区划分成果

吐鲁番盆地各区县地下水一级功能区划分成果见表6.7。

表6.7　　　　　　　　吐鲁番盆地地下水一级功能区个数和面积

区（县）	一级功能区个数/个				一级功能区面积/km²			
	开发区	保护区	保留区	小计	开发区	保护区	保留区	小计
高昌区	4	5	2	11	949.79	714.64	2074.44	3738.87
鄯善县	2	2	6	10	1030.19	627.14	3253.99	4911.33
托克逊县	12	2	2	16	652.27	291.68	1625.11	2569.05
总计	18	9	10	37	2632.25	1633.47	6953.54	11219.25
比例/%	48.65	24.32	27.03	100	23.46	14.56	61.98	100

1. 功能区个数

本次共划分地下水一级功能区37个，包括开发区18个、保护区9个、保留区10个。各区县一级功能区划分如下。

高昌区：地下水一级功能区11个，包括开发区4个、保护区5个、保留区2个。鄯善县：地下水一级功能区10个，包括开发区2个、保护区2个、保留区6个。托克逊县：地下水一级功能区16个，包括开发区12个、保护区2个、保留区2个。

2. 功能区面积

本次吐鲁番盆地地下水功能区划面积11219.25km²，其中开发区2632.25km²，保护区1633.47km²，保留区6953.54km²。各功能区面积占比分别为23.46%、14.56%、61.98%。由于吐鲁番盆地北部与南部大部分地区均为荒漠和戈壁，所以保留区面积较大。各区县功能区划分面积如下。

高昌区：功能区划分面积3738.87km²。其中：开发区面积949.79km²，保护区面积714.64km²，保留区面积2074.44km²。

鄯善县：功能区划分面积4911.33km²。其中：开发区面积1030.19km²，保护区面积627.14km²，保留区面积3253.99km²。

托克逊县：功能区划分面积2569.05km²。其中：开发区面积652.27km²，保护区面积291.68km²，保留区面积1625.11km²。

3个区（县）各地下水一级功能区面积比例如图6.9～图6.11所示。

6.5.2　二级功能区划分成果

1. 二级功能区个数

吐鲁番盆地地下水二级功能区共划分了37个，其

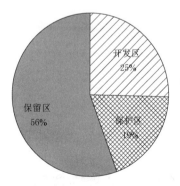

图6.9　高昌区地下水一级
功能区面积比例

中集式供水水源区 13 个、分散式开发利用区 5 个、生态脆弱区 6 个、坎儿井保护区 3 个、不宜开采区 3 个、储备区 7 个。二级功能区划分如图 6.8 所示，二级功能区个数统计情况见表 6.8。

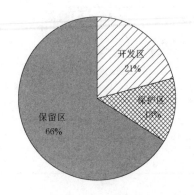

图 6.10 鄯善县地下水一级功能区面积比例

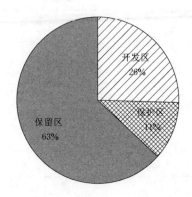

图 6.11 托克逊县地下水一级功能区面积比例

表 6.8 吐鲁番盆地地下水二级功能区个数 单位：个

区（县）	集中式供水水源区	分散式开发利用区	生态脆弱区	坎儿井保护区	不宜开采区	储备区	总计
高昌区	2	2	4	1	0	2	11
鄯善县	0	2	1	1	3	3	10
托克逊县	11	1	1	1	0	2	16
总计	13	5	6	3	3	7	37

各区县划分情况如下。

高昌区：共划分了 11 个地下水二级功能区，其中：集中式供水水源区 2 个、分散式开发利用区 2 个、生态脆弱区 4 个、坎儿井保护区 1 个、储备区 2 个。

鄯善县：共划分了 10 个地下水二级功能区，其中：分散式开发利用区 2 个、生态脆弱区 1 个、坎儿井保护区 1 个、不宜开采区 3 个、储备区 3 个。

托克逊县：共划分了 16 个地下水二级功能区，其中：集中式供水水源区 11 个、分散式开发利用区 1 个、生态脆弱区 1 个、坎儿井保护区 1 个、储备区 2 个。

2. 二级功能区面积

吐鲁番盆地各区县地下水二级功能区的面积统计见表 6.9。储备区所占面积最大，占整个盆地面积的 54.92%；其次是分散式开发利用区，占整个盆地面积的 23.35%；生态脆弱区占比 13.22%；集中式供水水源区、坎儿井保护区、不宜开采区所占比例比较小，分别为 0.12%、1.35%、7.05%。

3 个区（县）各地下水二级功能区面积比例如图 6.12～图 6.14 所示。

表 6.9　　　　　　　　　　吐鲁番盆地地下水二级功能区面积　　　　　　　　单位：km²

区（县）	集中式供水水源区	分散式开发利用区	生态脆弱区	坎儿井保护区	不宜开采区	储备区	总计
高昌区	7	943	700	15	0	2074	3739
鄯善县	0	1030	552	75	791	2463	4911
托克逊县	6	647	231	61	0	1625	2570
总计	13	2620	1483	151	791	6162	11220
比例/%	0.12	23.35	13.22	1.35	7.05	54.92	100

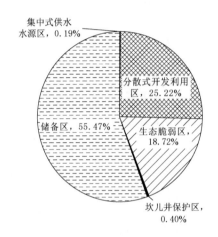

图 6.12　高昌区地下水二级功能区面积比例

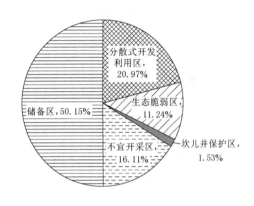

图 6.13　鄯善县地下水二级功能区面积比例

高昌区：集中式供水水源区面积占比 0.19%、分散式开发利用区面积占比 25.22%、生态脆弱区面积占比 18.72%、坎儿井保护区面积占比 0.40%，储备区面积占比 55.47%。

鄯善县：储备区是其主要功能分布区，面积占 50.15%，其次是分散式开发利用区和不宜开采区，面积占比分别为 20.97% 和 16.11%，其他功能区面积 12.77%。

托克逊县：储备区面积占比 63.23%、分散式开发利用区面积占比 25.18%、生态脆弱区占比 8.99%，其他功能区面积占比 2.6%。

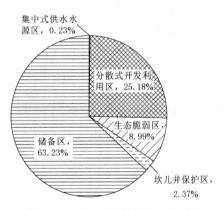

图 6.14　托克逊县地下水二级功能区面积比例

6.5.3　地下水功能区的功能及开发利用控制

艾丁湖流域吐鲁番盆地各类地下水功能区的功能及开发利用的控制分述如下。

1. 集中式供水水源区

集中式供水水源区的功能是以供给生活饮用或工业生产用水为主。艾丁湖流域吐鲁番盆地 13 个集中式供水水源区水量开采应不大于每个水源地的年许可取水量，合计 5224 万 m³/a。

2. 分散式开发利用区

分散式开发利用区的功能是以分散的方式供给农村生活、农田灌溉和小型乡镇工业用水，一般为分散型或者季节性开采。艾丁湖流域吐鲁番盆地 5 个分散式开发利用区，由于地下水超量开采，造成地下水位持续下降现象，未来水量控制目标是压减开采，控制在盆地可开采量范围内。盆地 2019 年地下水开采量为 6.31 亿 m³，现状条件下的可开采量为 6.04 亿 m³，在保证集中式供水水源区水源地正常开采前提下，应逐步消减地下水超采，至 2030 年分散式开发利用区开采量应控制在 5.52 亿 m³ 以内。

3. 生态脆弱区

生态脆弱区指有重要生态保护意义且生态系统对地下水变化十分敏感的区域，包括干旱半干旱地区的天然绿洲及其边缘地区、具有重要生态保护意义的湿地和自然保护区等。吐鲁番盆地生态脆弱区位于盆地中下游至艾丁湖区有骆驼刺、柽柳等天然植被区以及艾丁湖国家湿地公园。由于盆地降水稀少，植被生态极其脆弱，应严格控制灌区地下水开采，逐步消减地下水超采，以保证下游植被区地下水位维持在合理范围内。

4. 坎儿井保护区

坎儿井是我国干旱区独特的水利工程，具有极高的文化保护价值。调查数据表明，吐鲁番市有水坎儿井的数量和出流量均呈减少趋势。截至 2012 年年底，全市有水坎儿井为 246 条，年径流量为 1.46 亿 m³。坎儿井保护核心是水源问题，本次对北盆地流量大于 50L/s 的 19 条坎儿井进行重点保护，划定坎儿井保护区 167.06km²。应严格控制坎儿井保护区范围内的地下水开采量，对于目前过量开采的地区，应逐步减少地下水开采，转用地表水及其他水源，增加地下水的补给渠道，保证保护区范围内坎儿井合计出流量达到 5810 万 m³/年。

5. 不宜开采区

不宜开采区指由于地下水开采条件差或水质无法满足使用要求，不具备开发利用条件或开发利用条件较差的区域。吐鲁番盆地不宜开采区主要位于鄯善县东部邻近库姆塔克沙漠地区，水量贫乏，不具备开采价值。

6. 储备区

储备区指有一定的开发利用条件和开发潜力，但在当前和规划期内尚无较大规模开发利用活动的区域。吐鲁番盆地储备区分布在山前戈壁地带，此处含水层颗粒粗，是地下水主要补给区。因此，应控制本区地下水开采规模，以保证盆地中下游区地下水可开采量。

6.6　吐鲁番盆地地下水资源供给功能和生态维持功能特征

基于水循环二元理论，结合地下水自然特性和开发利用情况和艾丁湖流域水资源配置现状和规划格局，分析吐鲁番盆地地下水的资源供给功能和生态维持功能区域特征。

6.6.1 吐鲁番盆地二元水循环特点

吐鲁番盆地是一个相对封闭的内陆盆地，四面环山，中间低洼。其特殊的地理地貌使得仅有极少量的温湿气流通过盆地西、北部山区形成降水，因此吐鲁番盆地西、北部的中高山区，是水资源的主要形成区，平原区降水极少，对地表水、地下水的补给意义不大，是水资源的散发区。

天然条件下，河水出山口后，有部分以潜流的形式补给地下水，除少量损失于蒸发排泄外，大量入渗补给地下水，由于河床较宽，透水性强，河水径流量较小，地下水位埋深较大，河水与地下水之间属于悬河入渗补给，河水渗漏补给量可达其径流量的85%，地表径流很快消失，只在汛期有较大洪水时才能进入南盆地。北盆地山前冲洪积扇的潜流是其地下水的主要补给区，也即地表水向地下水转化的主要地段。北盆地广大的戈壁平原是地下水的径流区，总体上表现为冲洪积扇地下水的运动特征。受火焰山的阻挡，北盆地地下水以潜水蒸发和泉群溢出的方式排泄，其中东部的冲洪积扇地下水，由于埋藏较浅，以潜水蒸发的排泄方式为主，潜水流量小且分散。火焰山北部山前的泉水汇集到切穿火焰山的沟谷内流入南部戈壁补给地下水或蒸发散失。南盆地地下水向艾丁湖方向径流，最后以潜水蒸发或溢出后蒸发返回大气圈，至此完成了水资源出山口后的全部运移、转化过程，也是地表水和地下水之间的转化。区内地表水和地下水是一个统一的整体，联系紧密。地下水由山区降水转化而来，地表水资源的数量及其开发利用决定了地下水的补给。

吐鲁番盆地人工侧枝水循环与天然水循环是紧密联系的。从供水角度而言，为了解决灌溉用水，历史上吐鲁番盆地是通过坎儿井方式发展绿洲。自20世纪60年代以后，多数河流在出山口处修建了水库，通过渠道引水至盆地中下游进行灌溉，这种引水方式改变了天然水循环路径，由河流在北盆地山前戈壁带入渗补给地下水改变为渠道下渗补给和田间灌溉入渗补给。从耗水角度而言，人工绿洲的发展壮大改变了水循环的消耗方式，由天然情况下的裸地和艾丁湖区湿地蒸发消耗，改为农地蒸腾蒸发为主，以及少量的城镇生活和工业用水消耗。从排泄角度而言，水库、渠道和机井的大量建设改变了水循环的天然路径，由通过地表和地下径流向下游艾丁湖区汇流，改变为人工开采排泄水量为主，正常年份下河流水量很难到达艾丁湖，只有季节性洪水才能流入下游，补给艾丁湖。

总之，随着人类文明的发展，吐鲁番盆地天然水循环受到了人工水循环深刻影响，天然水循环和人工水循环紧密关联在一起。地下水的补给、径流和排泄各过程都发生了改变。

6.6.2 艾丁湖流域水资源配置现状和规划格局

艾丁湖流域多年平均地下水总补给量为 11.98 亿 m³，现状地下水可开采量 6.04 亿 m³，2012—2019 年期间年均地下水开采量为 7.86 亿 m³，超采量约为 2 亿 m³。根据新疆维吾尔自治区水利厅编制完成的《新疆地下水超采区划定报告》[116]（2018 年 8 月），高昌区严重超采区主要分布在恰特卡勒乡以东至三堡乡曼古布拉克村区间（主要是喀拉霍加村一带），这个监测区地下水水位年均降幅均在 1m 以上；鄯善严重超采区主要分布在吐峪沟乡的北部区域（主要是吐峪沟英买里一带）和鲁克沁镇以北区域，这个监测区地下水水位年均下降速率均在 1m 以上；托克逊地下水水位年均下降速率 1m 以下。吐鲁番盆地的主要开采形式是分散式开采，地下水开采井遍布在几乎所有的乡镇，绿洲区基本上都是超采区，主要分布于分散式开发利用区及天然绿洲区的生态脆弱区。

2019 年艾丁湖流域供水总量 12.75 亿 m^3，其中地表水供水量约为 6.39 亿 m^3，占全市供水总量的 50.2%；地下水供水量约为 6.31 亿 m^3，占全市供水总量的 49.5%，其他水源供水量较少。城镇生活和工业用水以地下水为主要水源，农业灌溉采用井渠双灌模式，以地下水灌溉为主，灌区周边植被生态用水主要依靠灌区退水，盆地下游植被和艾丁湖湿地生长主要依赖地下水和季节性洪水。

针对艾丁湖流域当前水资源开发利用存在的主要问题，需要进一步强化水资源的综合调控能力，新建必要的控制性枢纽工程，优化配置有限的水资源，并大力调整经济结构和产业布局，加强水污染处理及回用力度，逐步形成符合当地资源优势和适应当地特色的可持续发展模式。未来水资源开发利用应注重以下三方面战略举措：①适当兴建控制性枢纽工程，增加水利工程调蓄能力，提高地表水供水规模和保障程度，对地表、地下水源进行区域优化配置、逐步压减地下水超采地区的超采状况，有效增加水资源供给和减少缺水造成的损失；②进一步优化调整产业结构和产业布局，逐步加大农业"退地、减水、增效"和推广节水灌溉措施力度，大力提高工业用水效率和效益，抑制不合理的水资源需求和低效益需求，经济发展模式与用水规模及结构要符合当地水资源可持续利用的要求；③压采地下水开采量，同时新建污水处理厂和再生水回用工程，减少污染物入河量，逐步增加再生水回用量在供水结构中的比例，减缓地下水超采压力。

6.6.3　吐鲁番盆地地下水功能特征

吐鲁番盆地分散式开发利用区是地下水开发利用的主要区域，多年平均总补给模数为 20 万～40 万 $m^3/(a \cdot km^2)$，可开采模数为 15 万～25 万 $m^3/(a \cdot km^2)$，水质大都为《地下水质量标准》（GB/T 14848—2017）中规定的 Ⅲ 类水，能满足工农业用水需求。北盆地主要是通过地表水体入渗而产生的地下水转化补给量，即渠道引水及田间灌溉入渗对地下水的补给，南盆地通过托克逊县西部及南部的山前侧向补给、胜金口、吐峪、连木沁等沟谷潜流和盆地东侧的少量的侧向补给，引用地表水及田间灌溉所产生的渗漏补给等补给方式。地下水补给来源稳定且资源量大，分散式开发利用区虽然现状严重超采，但仍符合资源供给功能的特征。未来应该控制这些地区的地下水开采，实行总量控制。根据《新疆吐鲁番市地下水超采区治理方案》[117]（2018 年 9 月），计划在井灌区实行退田关井，计划退地 70 万亩，这样可以减少地下水开采约 4 亿 m^3。应切实落实这项工作，确保至 2030 年地下水开采量控制在可开采量范围内，以保障艾丁湖流域地下水资源的可持续供给功能。

吐鲁番盆地地处内陆干旱区，降水少，蒸发强烈，盆地中下游天然植被的生长主要依靠地下水维持，在此功能区内，地下水的生态维持功能得到体现。由于吐鲁番盆地超量开采地下水进行灌溉，区域地下水位出现下降现象，特别是在高昌区、鄯善县水位下降幅度较大，使得荒漠化扩展、天然植被范围缩减，地下水的生态维持功能受到胁迫。近年来，为落实最严格水资源管理制度，各超采区所在地大力推广节水灌溉技术，清查非法耕地，退减灌溉面积，关停或填埋非法机井，安装计量监控设施，出台管理办法。2010年吐鲁番市率先开展"关井退田"工作，推进节水工作的进行，减少地下水开采，逐渐恢复地下水的采补平衡，遏制地下水水位下降趋势并逐步回升，保持下游植被分布区地下水位在合理范围内，以保障地下水的生态维持功能。

第 7 章
吐鲁番盆地地下水控制水位分析

本章确定了吐鲁番盆地平原区地下水位控制指标研究思路。不同阶段地下水位控制指标与吐鲁番盆地地下水超采治理的阶段目标紧密结合。采用历史动态法确定水位稳定区及上升区的控制水位，并利用多元回归模型根据地下水开采量控制指标对吐鲁番盆地平原区水位下降区地下水控制性水位进行研究。通过典型监测井的地下水控制水位，利用 ArcGIS 中的面积加权和插值分析确定各乡镇水位控制指标，形成完整的地下水水量水位控制指标体系，为地下水的开发管理提供科学依据。

7.1 地下水位控制指标研究思路

吐鲁番盆地地下水开采量控制指标、水位埋深控制指标分析步骤依次为：地下水可开采量分析、各区（县）地下水开采量控制指标分析、区域地下水位年均下降速率控制指标分析、代表性监测井地下水位埋深下限控制指标分析、各乡镇地下水位埋深总体控制指标分析。具体研究流程如图 7.1 所示。

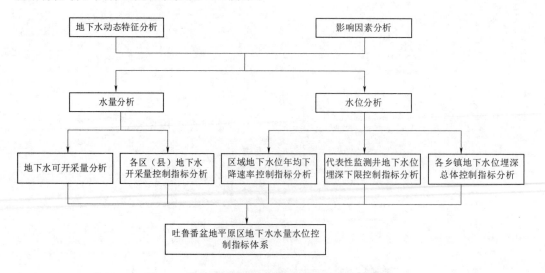

图 7.1　吐鲁番盆地地下水控制性指标研究流程图

7.2 地下水开采量控制指标

根据 2018 年 9 月吐鲁番市水利水电勘测设计研究院编制的《吐鲁番市用水总量控制实施方案》[118]，将用水总量控制指标分解至区县。2015 年为现状水平年。2020 年吐鲁番市地下水可供水量控制指标为 6.11 亿 m^3，2025 年控制指标为 4.83 亿 m^3，2030 年控制指标为 3.93 亿 m^3。至 2030 年地下水开采量控制指标等于地下水可开采量，根据吐鲁番地下水超采区治理目标，2030 年要求达到完全治理，全面实现地下水采补平衡。各区（县）不同水平年地下水开采量控制指标见表 7.1 和图 7.2。

表 7.1　　　吐鲁番市各区（县）不同水平年地下水开采量控制指标　　　单位：亿 m^3

区（县）	现状年开采量	地下水开采量控制指标		
	2015 年	2020 年	2025 年	2030 年
高昌区	2.97	2.34	1.91	1.58
鄯善县	2.78	2.30	1.86	1.55
托克逊县	2.12	1.47	1.06	0.80
合计	7.87	6.11	4.83	3.93

注　表中数据来自《吐鲁番市用水总量控制实施方案》。

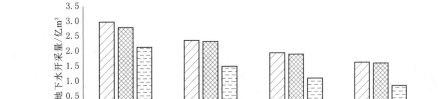

图 7.2　吐鲁番市各区县不同水平年地下水控制开采量

7.3 地下水位控制指标

水位控制指标的制定主要从三个层面尺度考虑：①面上指标：根据超采区治理目标，以区域地下水位年均下降速率作为水位控制指标；②点上指标：以典型监测井地下水位埋深作为控制指标；③管理单元指标：按照监测井可控制面积确定平原区各乡镇水位控制指标。

7.3.1　区域地下水位年均下降速率控制指标

吐鲁番盆地区域水位控制以年均地下水位下降速率作为控制指标，控制下降速率应逐年递减。根据超采区治理目标，至 2020 年要求吐鲁番盆地地下水位下降速率控制在 1.0m/a 以内，同时要求各监测井水位下降速率均不得超过 1.0m/a。

至 2025 年，超采区面积要大幅减少，地下水位下降速率要控制在 0.5m/a 以内，同时要求各监测井水位下降速率均不得超过 0.5m/a，地下水位呈下降趋势的监测井数量也要有所减少。

至 2030 年，保持地下水位基本稳定或呈上升趋势，全部达到采补平衡，地下水位下降速率要控制在 0.1m/a 以内。地下水位下降速率控制指标详见表 7.2。

表 7.2　　　　　吐鲁番盆地地下水位下降速率控制指标　　　　单位：m/a

年份	2015	2020	2025	2030
控制速率	5.66	1.00	0.50	0.10

7.3.2 代表性监测井地下水位埋深下限控制指标

超采区地下水实际开采量是制约地下水位变化的主导因素，同时也受到降水量、河道渗漏补给量、渠道渗漏补给量和田间灌溉入渗补给量等因素的影响。本次地下水位埋深下限控制指标的制定，主要采用历史动态经验法和多元回归分析法，依据各监测井年均地下水位埋深与各影响因素的关系，推求规划年地下水位埋深下限控制指标。对地下水位埋深与各影响因素相关性差的监测井，以 2015 年地下水位埋深作为控制指标。具体思路如下。

（1）根据 2002—2016 年来地下水位变化速率，对地下水位变幅进行分区，主要分为下降区（年均水位下降速率大于 0.1m）、上升区（年均水位上升速率大于 0.1m）和稳定区（年均水位变幅为 -0.1~0.1m）。

（2）对于地下水位下降区的监测井，主要采用多元回归分析法，依据各监测井地下水位埋深与影响因素数据，建立多元回归模型（表 7.3），推求规划年地下水位埋深下限控制指标，并根据区域水位下降速率进行校核和控制。

表 7.3　　　　　地下水位下降区监测井多元回归模型统计

监测点	回归方程	R^2
Ⅱ1-7	$H=13.446-0.135X_1+0.807X_2+1.195X_3-3.011X_4-14.585X_5$	0.923
Ⅱ2-5	$H=9.712-0.014X_1+0.501X_2-0.108X_3-1.739X_4-6.154X_5$	0.949
Ⅱ2-10	$H=21.197-0.073X_1+0.017X_2+0.646X_3-1.693X_4-9.348X_5$	0.901
Ⅱ2-13	$H=21.869-0.027X_1+0.189X_2-0.171X_3-0.755X_4-11.492X_5$	0.959
Ⅱ2-16	$H=151.251-0.184X_1+1.337X_2-3.518X_3-14.174X_4-8.788X_5$	0.964
Ⅱ3-1	$H=13.9-0.037X_1+0.104X_2+0.275X_3-0.457X_4-6.976X_5$	0.950
Ⅱ3-3	$H=26.71-0.06X_1+0.819X_2-0.403X_3-8.138X_4-1.333X_5$	0.919
Ⅱ3-4	$H=29.074-0.109X_1+0.125X_2-1.188X_3-2.362X_4-1.73X_5$	0.748
Ⅱ3-5	$H=15.659-0.074X_1+0.008X_2-0.638X_3-3.098X_4-1.088X_5$	0.884
Ⅱ3-6	$H=18.993-0.071X_1+0.63X_2-0.438X_3-5.412X_4-7.921X_5$	0.907
TW-SS-2	$H=6.356-0.002X_1+0.39X_2+0.042X_3-0.78X_4-5.692X_5$	0.985

注 H 为地下水位埋深，m；X_1 为降水量，mm；X_2 为开采量，10^8m^3；X_3 为河道渗漏补给量，10^8m^3；X_4 为渠道渗漏补给量，10^8m^3；X_5 为田间灌溉入渗补给量，10^8m^3。

（3）对于地下水位稳定区的监测井，保持在近年的水位。

（4）对于地下水位上升区的监测井，采用历史动态经验法，根据水位上升速率，推求规划年的水位。吐鲁番盆地平原区代表性监测井分布如图7.3所示。

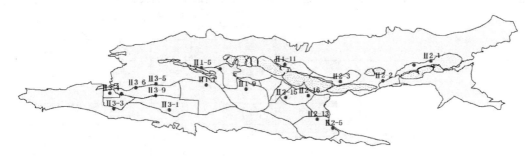

图7.3 吐鲁番盆地平原区代表性监测井分布图

各模型的相关系数 R^2 均大于0.7，标准化残差都为−1.102～1.433，变化范围小，且残差的方差较小。D-W检验显示，D-W值为1.445～1.677，可以确定残差项间无关，残差独立。表明所有模型的拟合度都较好。

根据地下水位各影响因素的变化规律并结合实际情况，对各影响因素进行预测。通过分析，降水量变化无趋势性，因此规划期降水量预测值取多年平均值；吐鲁番盆地天然河道主要分布在出山口以上，平原区河道分布较少，自然状态下河道径流量围绕多年平均值上下波动，河床渗漏系数在自然状态下基本保持不变，因此河道渗漏补给量在规划期内可取多年平均值；目前渠道防渗措施已基本覆盖整个流域，随着渠道工程的逐步完善，对老化渠道进行修缮，渠道渗漏系数将有所减小，因此根据近年渠道渗漏补给量的变化趋势对规划期渠道渗漏补给量进行预测；田间灌溉入渗补给量与地下水开采量和灌溉方式密切相关。目前流域内灌溉以漫灌为主，随着节水灌溉的大力推行，后期将逐渐采用喷灌等方式进行灌溉，灌溉水入渗量将减少。根据地下水开采量控制指标并结合灌溉方式的改进，对田间灌溉入渗补给量进行预测。各影响因素预测结果见表7.4。

表7.4　　　　　　　　各影响因素预测值

影响因素	预测方法	现状值	预测值		
		2015年	2020年	2025年	2030年
降水量/mm	取多年平均值	26.40	16.50	16.50	16.50
河道渗漏补给量/$10^8 m^3$	取多年平均值	3.90	3.93	3.93	3.93
渠道渗漏补给量/$10^8 m^3$	$y=-0.123\ln(x)+0.9075$ $R^2=0.7446$	0.53	0.47	0.45	0.43
田间灌溉入渗补给量/$10^8 m^3$	$y=-0.0313x+1.0779$ $R^2=0.9079$	0.60	0.54	0.41	0.27

根据前述计算方法，并结合表7.1和表7.4数据，可以计算得到吐鲁番盆地平原区代表性监测井2020年、2025年和2030年地下水位埋深控制指标，各监测井地下水位

埋深控制指标见表7.5。

表7.5 　　　　　　　　吐鲁番盆地平原区监测井地下水位埋深控制指标

区(县)	监测井编号	地 点	控制面积/km²	水位变幅分区	现状地下水位埋深/m 2015年	控制地下水位埋深/m		
						2020年	2025年	2030年
高昌区	Ⅱ1-5	亚尔镇西沟一队	43.7	稳定区	11.93	11.93	11.93	11.93
	Ⅱ1-6-2	亚尔镇幸福五队	88.4	上升区	27.79	26.94	26.09	25.24
	Ⅱ1-7	艾丁湖乡镇府	459.0	下降区	14.07	14.38	15.95	16.44
	Ⅱ1-9	火焰山农业开发区	37.1	上升区	43.34	41.62	40.90	40.10
	Ⅱ1-11	胜金乡阿克塔木村	108.7	上升区	15.87	13.39	12.06	9.27
鄯善县	Ⅱ2-1	七克台水电所	142.6	上升区	8.29	7.84	7.46	7.06
	Ⅱ2-2	电力公司	105.7	稳定区	18.29	18.29	18.29	18.29
	Ⅱ2-3	连木沁9大队2队	139.3	上升区	19.26	19.06	18.86	18.66
	Ⅱ2-5	迪坎尔大队4小队	145.8	下降区	5.38	5.75	6.59	7.01
	Ⅱ2-10	七克台金矿渔场	70.3	下降区	15.65	16.79	18.01	19.34
	Ⅱ2-13	迪坎尔乡玉尔门	164.2	下降区	12.77	14.38	16.13	16.51
	Ⅱ2-15	吐峪沟乡碱滩坎	172.6	上升区	69.60	68.50	67.40	66.30
	Ⅱ2-16	吐峪沟乡英买里1队	170.8	下降区	121.09	127.78	129.93	130.38
托克逊县	Ⅱ3-1	夏乡喀格恰克村	104.9	下降区	10.61	11.02	11.81	11.89
	Ⅱ3-3	博斯坦乡3大队	67.5	下降区	22.05	23.17	23.37	23.40
	Ⅱ3-4	伊拉湖乡4大队	42.8	下降区	17.91	19.52	19.72	19.80
	Ⅱ3-5	克尔碱镇英阿瓦提村	111.3	下降区	11.54	11.89	12.11	12.18
	Ⅱ3-6	郭勒布依乡十字路口	58.9	下降区	16.61	16.86	17.98	18.28
	Ⅱ3-9	郭勒布依乡阿斯开尔	165.9	上升区	2.94	2.94	2.94	2.94
	TW-SW-2	博斯坦乡吉格代村	35.2	下降区	5.85	5.91	5.95	5.95

分析结果显示，位于地下水位上升区的监测井有7眼，占全部监测井的35%，上升速率为0.04～0.41m/年；稳定区监测井2眼，占比10%，埋深均为10～20m；下降区监测井数量最多，有11眼，占比55%，2015—2020年下降速率均小于1m/年，2020—2025年下降速率均小于0.5m/年，2025—2030年下降速率均小于0.1m/年，符合区域地下水位年均下降速率指标控制要求，监测井水位逐渐趋于稳定或上升，表明对地下水开采量的控制有明显的效果。

7.3.3 各乡镇地下水位埋深控制指标

基于ArcGIS平台将各代表性监测井控制水位埋深值绘制等值线，得出控制水位埋深分布图。为了便于水行政管理部门监控和管理，需提供乡镇级行政区面控制水位值。考虑到监测井分布疏密不均、每个监测井所控制的面积不同等特点，采用面积加权法将监测井控制水位埋深转换成乡镇面水位埋深。吐鲁番盆地平原区各乡镇控制水位埋深统计见表7.6。整个盆地平原区的控制水位埋深平均值从2015年至2025年呈增大趋势，到2030年基本实现水位稳定。

表7.6　　　　　　　吐鲁番盆地平原区各乡镇控制水位下限统计　　　　　　　单位：m

区（县）	乡（镇）	2015年水位埋深		2020年控制水位埋深		2025年控制水位埋深		2030年控制水位埋深	
		阈值	均值	阈值	均值	阈值	均值	阈值	均值
高昌区	葡萄乡	15.75～65.67	39.81	15.16～66.88	39.32	14.32～65.58	38.83	14.68～65.26	38.34
	亚尔乡	12.81～75.64	37.62	14.29～77.88	38.75	19.42～77.11	39.54	19.62～76.78	39.91
	艾丁湖乡	7.40～66.65	27.85	7.14～67.97	29.14	7.95～68.93	29.99	9.23～68.31	30.31
	恰特喀勒乡	12.14～65.17	34.03	12.12～65.13	33.46	11.42～64.87	33.42	10.95～64.71	33.09
	三堡乡	48.06～68.93	58.94	46.21～67.93	56.81	46.00～66.79	56.61	45.33～66.20	56.18
	二堡乡	41.54～73.49	59.35	50.47～88.83	59.58	50.38～89.91	59.89	49.91～89.57	59.97
	胜金乡	23.40～70.51	46.21	21.84～72.51	44.97	21.57～72.90	44.29	21.33～71.32	42.32
鄯善县	吐峪沟	51.86～122.37	70.11	51.97～126.06	72.35	51.66～128.21	73.95	50.79～128.67	74.05
	达朗坎乡	18.60～74.42	42.79	16.34～76.28	43.31	17.17～73.37	43.67	16.79～74.13	43.37
	鲁克沁镇	18.37～67.18	53.47	15.77～69.44	54.68	16.54～71.89	55.33	16.47～68.57	55.54
	迪坎乡	1.02～41.23	18.66	2.90～42.28	20.18	2.91～42.27	20.48	2.95～42.27	20.67
	连木沁镇	7.16～78.93	38.31	7.41～79.51	39.21	7.09～80.07	39.61	7.36～79.13	39.86
	七克台镇	5.53～57.95	23.18	5.90～58.37	24.16	6.63～59.05	24.33	6.63～59.04	24.44
	辟展乡	1.81～37.86	20.36	1.14～35.98	19.43	1.18～35.17	18.57	1.23～34.31	18.36
	东巴比扎乡	14.91～24.21	20.76	14.57～23.58	20.12	13.78～23.82	19.34	13.88～23.02	19.5
托克逊县	夏乡	2.93～51.43	18.87	3.19～51.01	19.61	3.20～52.13	20.32	3.19～51.68	20.48
	郭勒布依乡	2.81～62.60	23.82	2.93～62.61	24.44	2.72～63.02	24.62	2.81～63.07	24.78
	博斯坦乡	6.60～45.06	26.39	6.32～44.71	26.94	6.38～43.85	27.19	6.31～44.80	27.41
	依拉湖乡	9.94～36.54	21.61	10.04～36.42	22.39	10.63～34.55	22.55	10.65～34.49	22.69
平均值		—	35.90	—	36.96	—	37.14	—	37.11

高昌区、鄯善县和托克逊县各乡镇2015—2030年每5年间的地下水位埋深变幅曲线如图7.4～图7.6所示，位于横坐标上部的曲线，表明乡镇平均水位埋深呈下降状态；位于横坐标下部的曲线，表明乡镇平均水位埋深呈上升状态。结果表明：各乡镇的水位下降速率逐年减小，水位上升的乡镇依然保持上升趋势，各段时间内的水位埋深变幅均符合区域地下水位下降速率指标控制要求。

吐鲁番盆地平原区各乡镇地下水位埋深控制指标分布如图7.7所示，从图中可以看出：二堡乡、三堡乡、吐峪沟和鲁克沁镇水位埋深下限控制指标大于50m，地下水位埋深较大，结合图7.5可以发现吐峪沟地下水位埋深变幅由2.24m减小到0.11m，水位埋深变幅较大，建议将吐峪沟作为重点控制区；夏乡和辟展乡水位埋深下限控制指标小于20m，从表7.6中可以看出这两个乡最小水位埋深1～3m，在水位埋深较浅处易发生土壤盐碱化，为了防止此现象发生，在水位埋深较浅的监测井附近应适当加强地下水

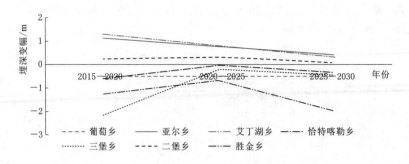

图 7.4　高昌区各乡镇水位埋深变幅曲线

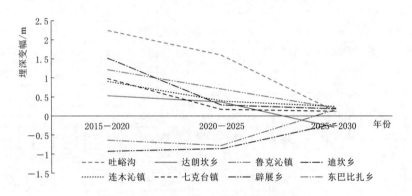

图 7.5　鄯善县各乡镇水位埋深变幅曲线

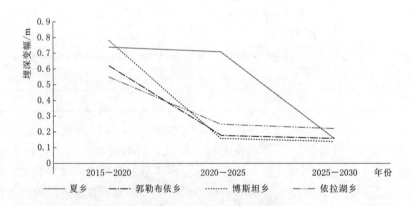

图 7.6　托克逊县各乡镇水位埋深变幅曲线

开发利用，并加强水位监测。

各乡镇内地下水位埋深最大值与最小值差距较大，这是由吐鲁番盆地特殊的地形地貌特征所决定，从山前到盆地中心海拔落差大，且盆地中有火焰山-盐山穿过，使吐鲁番盆地的地形地貌变得更加复杂多变。因此，仅以一项指标来控制吐鲁番盆地的地下水水位并不能够达到治理目的，需要综合考虑区域地下水位下降速率、代表性监测井水位埋深和乡镇总体水位埋深三项指标，以达到水位控制的目的。

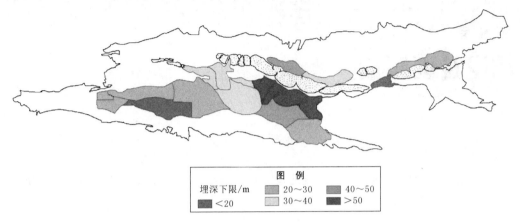

图 7.7 吐鲁番盆地平原区各乡镇地下水位埋深下限控制指标分布图

第8章
结论及创新点

本书围绕"艾丁湖流域吐鲁番盆地地下水功能特征及控制性水位"主题开展研究，取得主要成果和创新点如下。

8.1 主要成果

（1）水循环总体特征：吐鲁番盆地是一个相对封闭的内陆盆地，四面环山，中间低凹。其特殊的地理地貌特征使得仅有极少量的温湿气流通过盆地西、北部山区形成降水，因此流域西部、北部的中高山区是水资源的主要形成区。平原区降水极少，对地表水、地下水的补给意义不大，是水资源的散发区。

（2）吐鲁番盆地 2019 年供水总量 12.75 亿 m^3，其中：地表水供水量约为 6.39 亿 m^3，占供水总量的 50.2%；地下水供水量约为 6.31 亿 m^3，占供水总量的 49.5%；其他供水量 0.05 亿 m^3，占供水总量的 0.3%。2019 年流域用水总量 12.75 亿 m^3。其中：生活用水量 0.50 亿 m^3，占用水总量的 3.9%；农业用水量 10.74 亿 m^3，占用水总量的 84.2%；工业用水量 0.43 亿 m^3，占用水总量的 3.4%；人工生态环境用水量 1.08 亿 m^3，占用水总量的 8.5%。

（3）吐鲁番盆地从 20 世纪 80 年代中后期开始大量开采地下水，近年地下水利用量为 8 亿 m^3 左右，现状地下水资源可利用量为 6.04 亿 m^3，地下水超采量达 2 亿 m^3。部分区域出现地下水水位大幅度下降，在高昌区、鄯善县、托克逊县均形成了地下水超采区，尤其是鄯善县和高昌区地下水超采区基本上覆盖了所有的乡镇灌区。

（4）1990—2020 年，吐鲁番盆地土地利用类型变化主要特点是：草地、城乡及居民用地、耕地面积显著增加，林地及未利用土地减少较大。草地、城乡及居民用地、耕地增加面积分别为 642.58km²、213.56km²、513.43km²；林地、未利用土地减少面积分别为 108.54km²、1260.86km²。草地面积增加最多，占初始草地面积的 57.36%，贡献最大的为未利用土地，主要原因是吐鲁番地区农业的发展，积极推进吐鲁番地区的生态文明建设，扩大植被覆盖面积。城乡及居民用地面积增加幅度最大，占初始面积的 202.85%，与吐鲁番地区人口的增长以及城镇化提高有直接关系。林地面积减少幅度最大，占初始面积的 84.98%，主要原因是当地经济发展及农业发展的需要，林地在人口聚集地区部分转化为耕地。未利用土地减少面积最多，减少面积占初始面积的

13.09％。水域面积减少较小，占初始面积的4.17％，水域面积的减少使得艾丁湖区水面面积明显萎缩，应该加强对吐鲁番盆地水资源的保护。

（5）吐鲁番盆地近30年地下水位动态特征：①人工绿洲区地下水位埋深在3—7月急剧增大，8月以后埋深逐渐减小，年内最大水位埋深出现在7—8月，主要受农业灌溉的影响，水位变幅2～5m。天然绿洲区，地下水位受自然条件和人为因素的共同影响，水位变幅在1m左右。②由于吐鲁番盆地经济快速发展，地下水开采量逐年增大，3个区县的人工绿洲区地下水水位均呈下降趋势。1988—2016年期间，高昌区监测区水位每年平均下降0.63m，鄯善县监测区水位每年平均下降0.87m，托克逊县监测区水位每年平均下降0.42m，整个吐鲁番盆地地下水监测区水位每年平均下降0.64m。

（6）吐鲁番盆地地下水具有资源供给功能和生态维持功能。①资源功能评价指标主要有含水层富水性（单井涌水量）、地下水总补给模数、地下水资源模数、地下水可采模数；生态功能评价指标主要有地下水位埋深、天然植被分布。地下水功能评价等级分为四级：强、较强、一般、弱。②资源功能分布特征：沿灌区分布区域资源功能强，地下水补给、可利用性好，可规模开采；盆地及山前戈壁带资源功能较强，水量丰富，可适度开采；火焰山和沙漠东部资源功能弱，水量贫乏，不宜利用。吐鲁番盆地资源功能强、较强、一般、弱4个等级的面积比例分别是2.03％、7.70％、72.86％和17.41％。③生态功能分布特征：艾丁湖湿地植被与灌区周围的天然绿洲，生态功能强，生长有耐盐、耐旱植被，均依靠地下水进行维持，一旦破坏很难恢复；盆地北戈壁带和南部荒漠山前地下水位埋深大于30m，地下水的生态功能弱。吐鲁番盆地生态功能强、较强、一般、弱4个等级的面积比例分别是7.17％、18.72％、17.35％和56.76％。

（7）根据吐鲁番盆地水文地质条件、地下水资源分布及开发利用格局、天然植被分布和坎儿井保护需求，构建了地下水功能区二级区划体系，确定了各类功能区的划分依据。一级区划体系包括开发区、保护区、保留区3大类；二级区划体系包括6个亚类，开发区分为集中式供水水源区、分散式开发利用区，保护区分为生态脆弱、坎儿井保护区，保留区分为不宜开采区、储备区。吐鲁番盆地面积11854.96km²，火焰山-盐山面积635.71km²，区划面积11219.25km²。本次划分集中式供水水源区13个，面积12.68km²，区划面积占比0.12％；分散式开发利用区5个，面积2619.57km²，区划面积占比23.35％；生态脆弱区6个，面积1482.54km²，区划面积占比13.22％；坎儿井保护区3个，选择了19条流量大于50L/s的坎儿井进行重点保护，划分面积150.93km²，区划面积占比1.35％；不宜开采区3个，面积790.56km²，区划面积占比7.05％；储备区7个，面积6162.98km²，区划面积占比54.92％。

（8）明确了各类功能区的功能和开发利用控制要求。①集中式供水水源区以集中供水方式供城镇生活和工业用水，年开采量应不大于年许可取水量。②分散式开发利用区以分散开采的方式供农田灌溉和牲畜用水，位于火焰山南北两侧农田灌区。目前已出现超采，应实施多水源调配、压减地下水开采，至2030年开采量应降至可开采量范围以内。③生态脆弱区主要是保护吐鲁番盆地中下游区天然植被，包括艾丁湖湿地，应控制灌区地下水开采量不超过可开采量，保证天然植被区合理生态水位。④坎儿井保护区是为了维护和保护吐鲁番盆地特有的文化遗产坎儿井而划分的保护范围。在坎儿井保护区范围内应控制地下水开采，做好坎儿井水源涵养保护，特别是第一口竖井的水源供给问题，保证坎儿井合计出流量不低于 5810 万 m³/年。⑤储备区位于盆地周边戈壁荒漠地带，具有较强的地下水储存调蓄功能，应控制本区地下水开采规模，保证盆地中下游正常水量循环。⑥不宜开采区地下水资源较贫乏，不具备开采条件，主要位于鄯善东部紧邻沙漠的部位，本区维持现状即可。

（9）确定了吐鲁番盆地地下水水位-水量双控指标。①吐鲁番盆地平原区地下水开采量控制指标逐年减少，到 2030 年开采量应控制到与地下水可开采量相等，基本实现地下水采补平衡，开采量较现状年减少了 3.93 亿 m³。②对平原区地下水位埋深进行区域下降速率、监测井埋深、乡镇面埋深三方面控制。2020 年，盆地平原区地下水位埋深平均值为 36.96m；2025 年，盆地平原区地下水位埋深平均值为 37.14m；2030 年，盆地平原区地下水位埋深平均值为 37.11m。盆地平原区的控制水位埋深平均值从 2015 年到 2025 年增幅减缓，到 2030 年基本实现水位稳定。③从 2015 年到 2030 年，盆地平原区地下水位下降速率逐年减小，到 2030 年所有乡镇全部变为地下水位稳定区或者上升区，符合区域地下水位下降速率指标要求，表明吐鲁番盆地实施地下水超采治理后将对地下水的水量水位控制有显著效果。

8.2　创新点

本书以艾丁湖流域吐鲁番盆地为典型研究区，在干旱区地下水功能评价与区划技术及应用方面取得以下 5 个方面的创新。

（1）界定了吐鲁番盆地地下水功能涵义及组成，建立了吐鲁番盆地地下水功能评价指标，揭示了吐鲁番盆地地下水资源供给功能和生态维持功能的分布特征，可为吐鲁番盆地地下水功能区划分和地下水合理利用提供基础支撑。

（2）构建了吐鲁番盆地地下水功能区划分技术体系，确定了各类地下水功能区的划分指标和标准，明确了各类功能区的功能及开发利用控制，可为基于地下水功能的地下水水位-水量调控提供基础支撑。在地下水功能区划分体系上，增加了"坎儿井保护区"，目的是对现有坎儿井进行重点保护。

（3）明确了坎儿井保护原则、建立了坎儿井保护区划分依据和方法。根据吐鲁番盆地现有坎儿井的出水流量状况、规划水利工程布局、南北盆地地下水开发利用程度等因素，确定了坎儿井保护的原则，在此基础上，科学合理地确定了吐鲁番盆地需要保护的坎儿井规模。在划分坎儿井保护范围时，明确了第一口竖井的重要性。

（4）按照人工绿洲、天然绿洲、戈壁荒漠区等不同地理空间，对近 30 年来艾丁湖地下水位动态分析，定量揭示了人工绿洲区、天然绿洲区、戈壁荒漠区等不同分区的水位变幅，以及降水量、开采量等因素对地下水位变化的贡献率。

（5）确定了吐鲁番盆地分阶段地下水位控制指标。对平原区地下水位从区域下降速率、监测井埋深、乡镇面埋深等 3 个方面进行控制，从而保证吐鲁番盆地下水超采治理的有效性。

附录 A　美国亚利桑那州地下水管理法案[*]

A.1　概述

　　1980 年根据地下水管理法案，亚利桑那州颁布了一项全面的法定计划，以规范亚利桑那州的地下水权利和使用。该法案的主要组成部分在亚利桑那州修订法规（A. R. S.）第 45 篇第 2 条中被编纂为《亚利桑那州地下水法典》（简称《法典》）。该《法典》解决了亚利桑那州与地下水开采和使用有关的大量问题。

　　《法典》的大部分监管规定仅适用于 5 个"主动管理区域"（AMA）。最初于 1980 年建立时，这些 AMA 涵盖了该州地下水用途最广泛和地下水透支威胁最大的地区。地下水管理法案确定了 4 个初始 AMA，包括凤凰城都市区（Phoenix AMA）、图森都市区（Tucson AMA）、普雷斯科特地区（Prescott AMA）以及凤凰城和图森之间的大规模农业生产区（Pinal AMA）。1994 年，立法机关通过拆分 Tucson AMA 的南部，创建了该州的第 5 个 AMA，即 Santa Cruz AMA，《法典》的大多数详细监管要求都适用于这 5 个 AMA。《法典》还包含在证明水文条件及扩大地下水用途合理的情况下允许创建后续 AMA 的条款，后续的 AMA 可以由亚利桑那州水资源部（ADWR）部长或地下水流域内的当地居民倡议而建立。迄今为止，还没有创建后续的 AMA。然而随着现有 5 个 AMA 之外地区经济的快速发展，此后可能会创建一个或多个后续的 AMA。

A.2　AMA 内的地下水权

　　一般来说，除了少数特殊原因外，AMA 内的地下水使用取决于 AMA 建立前 5 年期间地下水的历史使用情况，这种类型的权利被称为"继承"地下水权。地下水的继承权分为 3 种：灌溉继承权，第 1 类非灌溉继承权，第 2 类非灌溉继承权。

A.2.1　灌溉继承权

　　灌溉继承权（IGR）是根据 A. R. S. § 45-465 制定，适用于 AMA 创建前 5 年内被灌溉的土地。根据 IGR 规定这些权利附属于被灌溉的土地，抽取的地下水不得运输到其他土地上使用。ADWR 根据 A. R. S. § 45-465 中规定的公式确定可用于灌溉土地的水量，但需遵守 ADWR 为期 10 年的管理计划实施的额外保护要求。

---

　　[*]　本节内容参考文献《美国亚利桑那州地下水管理法案》[119]。

A.2.2　第 1 类权利

第 1 类非灌溉继承地下水权（第 1 类权利）是根据 A.R.S.§45-463（对于在 AMA 创建之前未经灌溉的土地）和§45-469（对于在 AMA 创建后不再灌溉的土地）制定，适用于永久不再进行农业灌溉的土地。在向 ADWR 提交开发计划并获得批准后，水权将转换为非灌溉用途，此后可用于非灌溉目的。《法典》包括复杂的规则，这些规则根据 IGR 的原始所有者或后续所有者是否在使用该水决定可以使用第 1 类权利的地点及用途。

A.2.3　第 2 类权利

第 2 类非灌溉继承地下水权（第 2 类权利）根据 A.R.S.§45-464 制定，是基于地下水用于非灌溉目的的历史用途而建立的权利，通常可用于创建同一 AMA 内任一区域的任何非灌溉用途的原始权利。例如，第 2 类权利适用于在 AMA 建立之前将地下水大规模用于工业、发电厂、采矿活动、乳制品经营和草坪设施（例如高尔夫球场）浇水，唯一限制是最初被授予发电或矿物开采和加工的第 2 类权利，此类权利只能用于授予它们的原始目的（即发电或矿物开采/加工）[A.R.S.§45-471（A）]。第 2 类权利（包括为电力生产或采矿目的授予的权利）可以出售或出租（部分或全部权利），撤出点可以指定为 AMA 内的任何开采井。因此，这些权利非常灵活，并且在每个 AMA 内都有既定的市场价值。

A.2.4　AMA 中的非继承地下水权

基于 AMA 建立之前的"继承"用水的一般规则，AMA 内的地下水权利显然存在 3 个例外。第一个是授权城市、城镇、私营供水公司和灌溉区抽取地下水并为他们"服务区域"内的客户提供服务的权利。第二个是授权在 AMA 内为特定目的颁发地下水提取许可证的权利。第三个是在 AMA 内开钻用于限定的非灌溉用途的豁免井的权利。下面将讨论每一类地下水权。

　1. 服务区权利

根据《法典》第 6 条（A.R.S.§45-491 及以下）规定，亚利桑那州的城镇和私营供水公司可以在其服务区内抽取和运输地下水，并根据 A.R.S.§45-492 规定将其输送给服务区内的土地所有者和居民，但是地下水的运输受《法典》第 8 条和第 8.1 条运输规定的约束，此外，土地所有者和居民在使用地下水时受 ADWR 在每个 AMA 发布的管理计划的约束。与地下水继承权不同，服务区权利在地理区域及水量方面可以扩大。以服务于不断增长的人口（A.R.S.§45-493）。然而，城市、城镇或私营供水公司不得扩大其服务区域，主要包括服务区域内的井场、增加不成比例的大工业客户、从灌溉转变为非灌溉用途的灌溉土地。

根据 A.R.S.§45-494 规定，灌溉区也可以在其服务区内抽取和运输地下水。与城市、城镇和私人自来水公司服务区权利一样，这些活动受《法典》第 8 条和第 8.1 条的运输规定以及 ADWR 在每个 AMA 发布的管理计划的约束。

2. 地下水抽取许可证

在某些情况下，ADWR 可能会颁发（在某些情况下"应该"颁发）地下水抽取许可证，以允许在 AMA 内新增开采地下水。抽取许可证可用于：①与采矿活动相关的疏干；②矿物开采和加工活动；③一般工业用途；④抽取劣质地下水；⑤用于发电目的的临时抽取地下水；⑥用于建筑目的的临时排水或确保装修结构的完整性；⑦灌溉地排水以防止水淹；⑧水文测试。

3. 豁免井

AMA 内可用的第三种非继承地下水权利是从"豁免井"抽取地下水的权利。这些井的泵容量为 35gal❶/min 或更小（A. R. S. § 45 - 454）。土地所有者可以在向 ADWR 提交"钻探意向通知"后钻探豁免井。豁免井只能用于生活用水、牲畜饮水、商业及小规模工业等非灌溉用途，其中，生活用水包括用于种值作物的不到 2 英亩土地所用地下水。除生活用水及牲畜饮水外，其他用途的地下水开采每年不得超过 10 英亩-英尺（1 英亩-英尺＝1233.48m³）。

A. 3　AMA 中的地下水管理要求

除了从豁免井中抽取的地下水外，AMA 内的地下水使用通常受 ADWR 根据《法典》第 9 条（A. R. S. §45 - 561 及以下）颁布的节水和管理标准的约束。该条规定首先为该州的每个 AMA 确立了具体的管理目标。Phoenix、Tucson 和 Prescott AMA 的管理目标是"安全产量"，一种旨在实现并在此后保持现行管理区域每年的地下水抽取量与自然和人工补给量之间长期平衡的地下水管理目标［A. R. S. § 45 - 561 (12)］。到 2025 年 Phoenix、Tucson 和 Prescott AMA 将实现安全收益［A. R. S. § 45 - 562 (A)］。Pinal AMA 的管理目标是"允许发展非灌溉用途……并保护现有的农业经济……只要可行，与保留未来非灌溉用水供应的必要性相一致［A. R. S. § 45 - 562 (B)］"。这通常被称为"计划消耗"目标，因为它允许在 AMA 部分地区的地下水位持续下降的同时，继续获取地下水用于灌溉和增加非灌溉用途。随着 Pinal AMA 内迅速增加的住宅开发，ADWR 已开始评估如何确保这一管理目标可以长期实现。Santa Cruz AMA 的管理目标是"保持安全产量条件……并防止当地地下水位长期下降［A. R. S. § 45 - 562 (C)］"。

---

❶　1gal＝0.00379m³。

附录 B　澳大利亚地下水水质保护指南[*]

B.1　简介

澳大利亚国家水质管理战略（National Water Quality Management Strategy，NWQMS）是 1990 年由各州、地区和联邦政府通过澳大利亚和新西兰农业和资源管理委员会（ARMCANZ）以及澳大利亚和新西兰环境保护委员会（ANZECC）共同制定。NWQMS 提供了一个国家层面的水质管理框架，内容包括对用户和水源的政策、原则和指南等。

作为 NWQMS 的一部分，澳大利亚于 1995 年制定并通过了《澳大利亚地下水水质保护指南》。近年来，随着地下水在供水方面的重要性、地下水水质影响的风险性以及对地下水管理认识的提高，澳大利亚政府加快了对指南的修订。本指南于 2013 年出版，是澳大利亚地下水水质保护的最新指南，重点是采用基于风险的管理方法来保护和提高地下水质量，以维持特定的环境价值。

指南的目标受众和主要用户是州和地方政府，因为他们负责制定适合其特定立法和资源情况的政策和监管体系。该指南颁布的主要目的是为州和地方政府在制定政策和立法保护地下水质量时提供参考，从而维持或提高相关的环境价值并防止其各自管辖范围内地下水的污染。实际应用包括地下水评估、地下水质量目标的确定和特定地下水保护机制的开发。

促进国家地下水水质保护指南和相关政策法规的协调一致将有助于经济发展和环境保护，并能提供适用于区域和地方尺度的地下水统一管理办法。

B.2　基本原则

近几十年来，人们对地下水的认识和管理有了很大的提高，目前面临的主要挑战是在地方和区域范围内充分评估潜在的水质影响因素。本指南提出六项基本原则以满足对地下水水质潜在影响因素进行管理：

（1）保护或提高特定环境价值。

（2）生态可持续发展（ESD）。

---

*　本节内容参考文献《澳大利亚地下水水质保护指南》[120]。

（3）使用基于风险的方法。

（4）污染者付费原则。

（5）代际公平原则。

（6）预防原则。

指南提出了一个基于这些基本原则的地下水水质保护框架，以下将更详细地解释这六项原则在地下水水质保护中的应用。

B.2.1　环境价值

环境价值是指对生态系统健康或公共利益安全有重要意义的地下水价值或用途。地下水的环境价值分类应基于地下水长期潜在的固有价值，通过地下水质量基线评估人员和利益相关者协商确定。澳大利亚和新西兰有关淡水和海水水质指南（ANZECC & ARMCANZ 2000a）包括六个环境价值类别：

（1）水生生态系统保护。

（2）初级产业（灌溉和一般用水、畜牧饮用水、水产养殖和水产食品的消费者）。

（3）娱乐和美学。

（4）饮用水。

（5）工业用水。

（6）文化和精神价值。

一些司法管辖区为满足当地要求定义了额外的环境价值类别。

确定环境价值类别是指南的关键要求之一，与特定地下水系统相关的环境价值类别应在政府、行业、社区和其他利益相关者的参与下共同确定。一个地下水系统通常具有一个以上的环境价值类别，主要原因是随着含水层地下水质量和价值的自然变化或土地用途的变化，地下水系统的不同部分和相连的地表水系统都可能被分配不同的环境价值类别，从而导致需要划定涵盖不同类别的地下水系统区域。如果没有足够的信息来判断特定的环境价值，则应保护所有适当的环境价值类别。

一旦确定了环境价值，就可以利用它来制定特定地下水系统的水质目标。水质目标包括两方面，一是数值指导浓度限值，二是保护内在系统价值。水质目标可以根据水质标准值、社会要求及现有地下水质量进行修改，对于超过水质目标的地下水系统应立即开始调查并加强管理，以制定更适合当地的保护准则。

澳大利亚和新西兰淡水和海水水质指南（ANZECC & ARMCANZ 2000a）及澳大利亚饮用水水质指南（NHMRC & NRMMC 2011）为饮用水、娱乐和美学以及初级产业提供了水质标准参数。如果一个含水层适用多个环境价值类别，则应为每个水质参数选择最保守的水质准则，以便根据管理目标保护地下水最敏感的内在价值。

目前正在制定文化和精神价值类别的指南，预计将被纳入 2014 年修订的澳大利亚和新西兰淡水和海水水质指南。对于工业用水类别，需要由水资源管理人员和工业利益相关者一起制定水质指南。

根据各地区条件、地下水水质及其可变性和社区价值的不同，需制定特定地下水系统的水质标准值。制定水质目标的过程参考澳大利亚和新西兰淡水和海水水质指南（ANZECC & ARMCANZ 2000a）和澳大利亚饮用水水质指南（NHMRC & NRM-MC 2011）。

B.2.2　生态可持续发展

澳大利亚政府在国家生态可持续发展战略（1992 年）中将 ESD 定义为"使用、保护和增强社区资源，以维持生命所依赖的生态过程，提高现在和未来的总体生活质量"。

可持续发展战略旨在促进发展，满足当前需求并为后代的利益保护生态环境。可持续发展战略为澳大利亚政府确定了方向，以确保未来的发展在生态上是可持续的。

可持续发展教育战略的核心目标是：

（1）遵循保障子孙后代福利的经济发展道路，提高个人和社区的福祉和福利。

（2）提供代内和代际公平。

（3）保护生物多样性并维持必要的生态过程和生态系统。

可持续发展教育目标与本章讨论的其他原则密切相关，特别是预防原则和代际公平原则。与水资源管理相关的可持续发展教育战略提倡采用综合方法来制定管理水资源开发和管理的政策，并实施最有效的水资源管理机制组合。

B.2.3　使用基于风险的方法

地下水水质保护管理过程是一种风险评估过程，确定需要采取行动的地区，随后实施管理措施以保护地下水质量，使其满足其所有确定的环境价值类别。国家水质管理战略（NWQMS）始终采用基于风险的管理方法来降低风险。这项战略结合了危害分析和关键控制点（HACCP）、质量管理体系 ISO 9001 和风险管理标准 AS/NZS ISO 31000：2009 的适应要素，与世界卫生组织（WHO）水安全计划密切相关。

水务行业使用风险管理来确定保护水质所需付出的努力，但需视危害的可能性和后果而定，有效的风险管理能够保护地下水并最大限度地降低成本。基于风险的方法可以是完全量化的风险评估，也可以是一种较少依赖基线数据偏定性的方法。采用该方法的主要目的是引导地下水水质保护投资以保护地下水系统特定的环境价值，同时可以让政府、服务提供商、行业和社区优先投资面临风险最大的领域。

基于风险的方法包括识别危害和评估该危害的风险。就地下水污染而言，风险通常是一种定性（或半定量）衡量标准，它考虑了危害发生的可能性以及危害发生时的后果。应使用两个风险级别来评估对预防或管理措施的要求：

（1）最大风险（有时称为预缓解或初始风险），即缺少预防或管理措施时的风险。

（2）残余风险，即采取预防和管理措施后的剩余风险。

对于最大风险较高的危害，需要确定减轻风险的预防措施。如果残余风险不可接受，则需要进一步考虑缓解措施，直到残余风险处于较低水平。通过在必要时监测、审查和调整地下水保护措施来管理不确定性，补救措施的成本通常是预防成本的数倍。

这些准则采用的方法包括 12 个要素，基于风险的水质保护办法是其中之一，该方法改编自澳大利亚饮用水指南（NHMRC 和 NRMMC 2011）和澳大利亚水循环指南：

管理含水层补给（NRMMC、EPHC 和 NHRC 2009b）。

B.2.4　污染者付费原则

污染者付费原则是指在与指定的环境价值相冲突的情况下，防止或尽量减少污染的成本由被允许排放污染物的开发商承担。

一旦地下水系统确定了环境价值类别，可能污染地下水活动的开发商应承担保护地下水系统的环境价值免受开发带来的任何威胁的全部成本。在这种情况下，开发商需要证明该活动不会持续污染地下水系统，潜在污染者还应负责监测、验证和上报应负责区域地下水质量的变化情况。污染者付费原则也适用于污染已经发生并且污染者有责任修复含水层、恢复特定环境价值及补偿其他用户的情况。

以前在地下水开采规模较大或经济高度发达的地区，很难确定单个污染源。目前先进的分析方法使来源识别和污染物追踪变得可行。对于农村或城市地区的扩散源或多点污染源（例如，化粪池），将精力集中在跨行业和地方政府的集体安排上更为有效。

对于某些历史污染实例，在实际情况中实现预期环境价值所需的水质目标可能无法通过修复实现，或者修复成本可能过高。一旦知道修复的全部成本，协商过程可能会选择接受较低水平或基于完整成本收益分析的回收措施。如有必要，应通过协商对主要管理目标进行审查和修订，在地下水理想环境价值类别和可达到目标之间取得平衡。从这个意义上说，最好在开发之前避免这种情况的发生并管理潜在的污染。

各州和地方立法正式实施污染者付费原则，例如要求"在可行范围内进行清理"（CUTEP）和"在必要范围内进行补救"（RTEN）的政策。这些由环境保护机构管理，并规定了解决重大污染的要求。

B.2.5　代际公平原则

代际公平原则是指当代人为了后代的利益而保护环境、生物多样性和生产力。澳大利亚联邦环境立法的两个关键部分《2007 年水法》和《1999 年环境保护和生物多样性保护法》的管理目标体现了这一原则。

为了保护或提高地下水质量以满足子孙后代的需求，必须限制开发。然而，代际公平不应被用于阻碍发展的工具；相反，它提供了保护地下水水质使其免受难以或不可能逆转的长期损害的基本准则。

代际公平问题主要目的是确定未来污染的责任人，主要目标是建立一个"基准"水平，以便制定新的措施来保护地下水免受进一步污染或在未来提高地下水质量。一旦确认现有污染，污染者就需支付未来预防、监测或修复地下水污染的措施的费用。这降低了水体被进一步污染的风险，并保证了地下水质量的维持或改善，意味着含水层将满足后代对指定环境价值的要求。

通过改进及开发新型修复技术，目前认为难以解决的一些污染问题在未来可能会得到修复。因此，后代将有责任持续改善历史污染，改进技术，提高地下水质量。

B.2.6　预防原则

预防原则是基于风险的方法的一个组成部分，本质上与科学风险评估和不确定性的管理有关。当影响无法确定时，这是一种谨慎的策略。政府间环境协定（IGAE 1992）基本上采用了《里约环境与发展宣言》（1992 年）的第 15 条原则，将预防原则定义如下："如果存在不可逆转的破坏环境威胁，科学依据不足不应被作为推迟采取措施去保护环境的理由"。"措施"通常被解释为在地下水质量管理方面，预防原则要求在对特定风险的影响缺乏科学共识时，监管部门采取行动或推迟批准开发以保护地下水免受污染。实际上，由于该原则要求支持者证明任何发展不会造成严重或不可逆转的损害，因此将举证权利倒转给了活动的支持者。预防原则也可用于监管机构在审批过程中，未明确证明风险的可能性或后果的确定性时实施风险最小化措施。

预防原则是 ESD 战略的一个组成部分，它鼓励在存在科学不确定性的情况下谨慎降低风险。换句话说，不应自动排除科学的不确定性对可能造成重大危害活动的监管。

没有标准方法来确定是否应根据预防原则来考虑不作为成本（不发展成本）及获得风险信息时的潜在成本。但是有明确的证据表明修复污染羽的成本高于预防或降低风险的成本，而且在许多情况下，污染可能无法修复（其影响是不可逆转的）。

附录 C 地下水功能区划分技术大纲

《地下水功能区划分技术大纲》[43]（简称《大纲》）是由水利部组织领导、水利水电规划设计总院联合中国水利水电科学研究院等相关技术单位编写，于 2005 年 7 月公开发布，要求各省级水利主管部门按照《大纲》要求，组织开展本级行政区域的地下水功能区划分工作。根据任务安排，地下水功能区划分是属于全国水资源综合规划地下水开发利用与保护规划中的专项工作。

《大纲》依据《中华人民共和国水法》《中华人民共和国水污染防治法》《取水许可制度实施办法》（国务院令第 119 号）等相关文件和标准对地下水功能区进行划分。大纲包括总则、技术路线、划分体系、功能区划分依据、功能区保护目标、功能区命名和编码规则、组织分工与进度安排七大章节。下面对《大纲》的主要章节内容进行介绍。

C.1 总则

本章内容主要包括：地下水功能区划分的目的意义、指导思想、总体思路、划分原则、工作范围、基本要求和划分依据七个方面。为实现地下水资源的可持续利用，应根据国家对地下水资源开发利用和保护的总体部署以及生态与环境保护的目标要求，结合研究区的实际情况，依据相关标准对地下水功能区进行划分。

C.2 技术路线

本章介绍了地下水功能区划分工作的步骤，地下水功能区划分技术路线如图 C.1 所示，分别是：

（1）资料收集。收集水文及水文地质、地下水监测、生态与环境状况调查、社会经济等方面的基础资料；收集已有或正在编制的流域和区域以及城市水资源规划、地下水开发利用规划以及社会经济、农业、城市、土地利用规划和生态与环境建设治理与修复等方面的规划成果；收集地下水相关的各类科研和试验的成果。

（2）地下水资源及其开发利用现状调查。分析评价地下水资源数量、质量、可开采量及其空间分布，调查地下水开发利用现状，分析开发利用和保护中存在的主要问题。

（3）地下水功能区划分。根据水文地质条件、地下水水质状况、补给和开采条件、规划期水资源配置对地下水开发利用的要求以及生态与环境保护的目标要求，结合地下水开发利用现状和存在的问题，以完整的水文地质单元的界线划分地下水功能区，再以

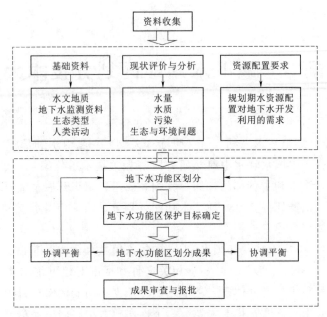

图 C.1 地下水功能区划分技术路线[43]

地级行政区的边界进行切割，作为地下水功能区的基本单元。

（4）确定地下水功能区的开发利用和保护目标。

（5）填写地下水功能区划分成果表，绘制地下水功能区分布图。

（6）地下水功能区划分成果与流域和区域水资源配置以及相关规划的成果进行协调平衡。

（7）编写地下水功能区划分的文字报告，进行成果审查与报批。

C.3 划分体系

本章根据区域地下水自然资源属性、生态与环境属性、经济社会属性和规划期水资源配置对地下水开发利用的需求以及生态与环境保护的目标要求，将地下水功能区划分为 3 个一级区：开发区、保护区和保留区，并进一步细分为 8 种地下水二级功能区：集中式供水水源区、分散式开发利用区、生态脆弱区、地质灾害易发区、地下水水源涵养区、不宜开采区、储备区和应急水源区。地下水功能区划分体系见表 C.1。

表 C.1   地下水功能区划分体系[43]

地下水一级功能区		地下水二级功能区	
名　称	代　码	名　称	代　码
开发区	1	集中式供水水源区	P
		分散式开发利用区	Q

地下水一级功能区		地下水二级功能区	
名　称	代　码	名　称	代　码
保护区	2	生态脆弱区	R
		地质灾害易发区	S
		地下水水源涵养区	T
保留区	3	不宜开采区	U
		储备区	V
		应急水源区	W

C.4　功能区划分依据

本章是划分工作中的重点。依据地下水补给条件、含水层富水性及开采条件、地下水水质状况、生态环境系统类型及其保护的目标要求、地下水开发利用现状、区域水资源配置对地下水开发利用的需求、国家对地下水资源合理开发利用及保护的总体部署等对地下水功能区进行划分。三个一级区和8类二级区的具体功能定位及划分依据如下。

C.4.1　开发区

指地下水补给、赋存和开采条件良好，地下水水质满足开发利用的要求，当前及规划期内地下水以开发利用为主且在多年平均采补平衡条件下不会引发生态与环境恶化现象的区域。

开发区应同时满足以下条件：①补给条件良好，多年平均地下水可开采量模数不小于 2 万 $m^3/(a \cdot km^2)$；②地下水赋存及开采条件良好，单井出水量不小于 $10m^3/h$；③地下水矿化度不大于 2g/L；④地下水水质能够满足相应用水户的水质要求；⑤多年平均采补平衡条件下，一定规模的地下水开发利用不引起生态与环境问题；⑥现状或规划期内具有一定的开发利用规模。

开发区划分为集中式供水水源区和分散式开发利用区 2 种地下水二级功能区。

1. 集中式供水水源区

指现状或规划期内供给生活饮用或工业生产用水为主的地下水集中式供水水源地。满足以下条件，划分为集中式供水水源区：

(1) 地下水可开采量模数不小于 10 万 $m^3/(a \cdot km^2)$；

(2) 单井出水量不小于 $30m^3/h$；

(3) 含有生活用水的集中式供水水源区，地下水矿化度不大于 1g/L，地下水现状水质不低于《地下水质量标准》(GB/T 14848—93) 规定的Ⅲ类水的标准值或经治理后水质不低于Ⅲ类水的标准值，工业生产用水的集中式供水水源区，水质符合工业生产的水质要求；

(4) 现状或规划期内，日供水量不小于 1 万 m^3 的地下水集中式供水水源地。

根据规划期地下水供水量和地下水可开采量模数划定集中式供水水源区的范围，以布井区地下水汇水漏斗的外包线确定。

2. 分散式开发利用区

指现状或规划期内以分散的方式供给农村生活、农田灌溉和小型乡镇工业用水的地下水赋存区域，一般为分散型或者季节性开采。

开发区中除集中式供水水源区外的其余部分划分为分散式开发利用区。

C.4.2　保护区

指区域生态与环境系统对地下水水位及水质变化较为敏感，地下水开采期间始终保持地下水水位不低于其生态控制水位的区域。

保护区划分为生态脆弱区、地质灾害易发区和地下水水源涵养区 3 种地下水二级功能区。地下水二级功能区划分主要依据如下，对于面积较小的地下水二级功能区，可考虑与其他地下水功能区合并。

1. 生态脆弱区

指有重要生态保护意义且生态系统对地下水变化十分敏感的区域，包括干旱半干旱地区的天然绿洲及其边缘地区、具有重要生态保护意义的湿地和自然保护区等。符合下列条件之一的区域，划分为生态脆弱区：

（1）国际重要湿地、国家重要湿地和有重要生态保护意义的湿地。

（2）国家级和省级自然保护区的核心区和缓冲区。

（3）干旱半干旱地区天然绿洲及其边缘地区、有重要生态意义的绿洲廊道。

湿地与自然保护区的核心区或缓冲区面积有重叠时，取湿地与自然保护区核心区或缓冲区边界线的外包线作为该生态脆弱区的范围。

2. 地质灾害易发区

指地下水水位下降后，容易引起海水入侵、咸水入侵、地面塌陷、地下水污染等灾害的区域。符合下列条件之一的区域，划分为地质灾害易发区：

（1）沙质海岸或基岩海岸的沿海地区，其范围根据海岸区域咸淡水分布界线确定，沙质海岸以海岸线以内 30km 的区域为易发生海水入侵的区域，基岩海岸根据裂隙的分布状况，合理确定海水入侵范围；

（2）由于地下水开采而易引发咸水入侵的区域，以地下水咸水含水层的区域范围来确定咸水入侵范围；

（3）由于地下水开采、水位下降易发生岩溶塌陷的岩溶地下水分布区，根据岩溶区水文地质结构和已有的岩溶塌陷范围等，合理划定易发生岩溶塌陷的区域；

（4）由于地下水水文地质结构特性，地下水水质极易受到污染的区域。

3. 地下水水源涵养区

指为了保持重要泉水一定的喷涌流量或为了涵养水源而限制地下水开采的区域。符合下列条件之一区域，划分为地下水水源涵养区：

（1）观赏性名泉或有重要生态保护意义泉水的泉域；

（2）有重要开发利用意义的泉水的补给区域；

（3）有重要生态意义且必须保证一定的生态基流的河流或河段的滨河地区。

C.4.3　保留区

指当前及规划期内由于水量、水质和开采条件较差，开发利用难度较大或有一定的开发潜力但作为储备水源的区域。

保留区划分为不宜开采区、储备区和应急水源区 3 种地下水二级功能区。地下水二级功能区主要划分依据如下，对于面积较小的地下水二级功能区，可考虑与其他功能区合并。

1. 不宜开采区

指由于地下水开采条件差或水质无法满足使用要求，现状或规划期内不具备开发利用条件或开发利用条件较差的区域。符合下列条件之一区域，划分为不宜开采区：

（1）多年平均地下水可开采量模数小于 2 万 $m^3/(a \cdot km^2)$。

（2）单井出水量小于 $10m^3/h$。

（3）地下水矿化度大于 2g/L。

（4）地下水中有害物质超标导致地下水使用功能丧失的区域。

2. 储备区

指有一定的开发利用条件和开发潜力，但在当前和规划期内尚无较大规模开发利用的区域。符合下列条件之一的区域，划分为储备区：

（1）地下水赋存和开采条件较好，当前及规划期内人类活动很少、尚无或仅有小规模地下水开采的区域。

（2）地下水赋存和开采条件较好，当前及规划期内，当地地表水能够满足用水的需求，无须开采地下水的区域。

3. 应急水源区

指地下水赋存、开采及水质条件较好，一般情况下禁止开采，仅在突发事件或特殊干旱时期应急供水的区域。

C.5　功能区保护目标

本章根据地下水功能区的功能属性、区域水文地质特征、规划期水资源配置对地下水开发利用和保护的要求，结合地下水开发利用和保护中存在的问题等，确定地下水功能区保护目标。

1. 集中式供水水源区

（1）水质标准：具有生活供水功能的集中式供水水源区，水质标准不低于国家标准《地下水质量标准》（GB/T 14848—93）的 Ⅲ 类水的标准值，现状水质优于 Ⅲ 类水时，以现状水质作为控制目标；工业供水功能的集中式供水水源区，以现状水质为控制目标。

（2）水量标准：年均开采量不大于可开采量。

（3）水位标准：开采地下水期间，不造成地下水水位持续下降。

2. 分散式开发利用区

（1）水质标准：具有生活供水功能的区域，水质标准不低于《地下水质量标准》（GB/T 14848—93）的Ⅲ类水的标准值，现状水质优于Ⅲ类水时，以现状水质作为保护目标；工业供水功能的区域，水质标准不低于《地下水质量标准》（GB/T 14848—93）的Ⅳ类水的标准值，现状水质优于Ⅳ类水时，以现状水质作为保护目标；地下水仅作为农田灌溉的区域，现状水质或经治理后的水质要符合农田灌溉有关水质标准，现状水质优于Ⅴ类水时，以现状水质作为保护目标。

（2）水量标准：年均开采量不大于可开采量。

（3）水位标准：开采地下水期间，不会造成地下水水位持续下降，不引起地下水系统和地面生态系统退化，不诱发环境地质灾害。

3. 生态脆弱区

（1）水质标准：水质良好的地区，维持现有水质状况，受到污染的地区；以污染前该区域的天然水质作为保护目标。

（2）水量标准：控制开发利用期间的开采强度，始终保持地下水水位不低于引发湿地退化或绿洲荒漠化。

（3）水位标准：维持合理生态水位，不引发湿地退化和绿洲荒漠化。

4. 地质灾害易发区

（1）水质标准：水质良好的地区，维持现有水质状况；受到污染的地区，以污染前该区域的天然水质作为保护目标。

（2）水量标准：控制开发利用期间的开采强度，始终保持地下水水位不低于引发海水入侵、咸水入侵、地面塌陷、地下水污染等灾害。

（3）水位标准：维持合理生态水位，不引发海水入侵、咸水入侵、地面塌陷、地下水污染等灾害。

5. 地下水水源涵养区

（1）水质标准：水质良好的地区，维持现有水质状况；受到污染的地区，以污染前该区域的天然水质作为保护目标。

（2）水量标准：限制地下水开采，始终保持泉水出露区一定的喷涌流量或维持河道的生态基流。

（3）水位标准：在开发利用期间，维持较高的地下水水位，保持泉水出露区一定的喷涌流量或河道的生态基流。

6. 不宜开采区

维持地下水现状。

7. 储备区

维持地下水现状。

8. 应急水源区

一般情况下严禁开采，严格保护。

C.6　功能区命名和编码规则

　　地下水功能区命名以地下水二级功能区为基本命名单元，在地下水二级功能区前加上所在水资源二级区、地级行政区的名称和习惯称谓。当某个地下水二级功能区跨两个或两个以上水资源二级区或地级行政区时，应标示出所跨全部水资源二级区和地级行政区名称（可用简称）；当某个地级行政区内有多个同一种地下水二级功能区时，这些地下水二级功能区的名称加上不同的习惯称谓或冠以所在的较小行政区名称。

　　地下水功能区编码依据《全国水资源分区》、《中华人民共和国行政区划代码》（GB/T 2260—2002）现行国家标准及行业标准，按水资源分区、行政分区和地下水功能区三级代码编制，由 11 位数码组成，具体参照标准。

附录 D 地下水功能评价与区划技术要求

《地下水功能评价与区划技术要求》[44]（GWI-D5，2006 版）（简称《技术要求》）是依托中国地质调查局地质调查项目"中国北方地下水资源及其环境调查评价"中的"地下水功能评价专题研究"编写而成。《技术要求》规定了地下水功能评价工作的基本理念、基本原则、主要工作内容及评价标准、所需资料要求、评价指标体系的构建、评价方法与步骤，以及地下水功能区划的基本原则和要求。

《技术要求》包括前言，主题内容与适用范围，引用标准，术语与基本概念、地下水功能评价的意义，评价对象、类型与模式，基本原则与技术导则，主要工作内容与流程，评价分级与标准，所需基础资料及要求，评价步骤与要求，功能评价与要求，功能区划原则与要求等 13 个章节。其中，前 3 个章节：前言、主题内容与适用范围、引用标准分别介绍了《技术要求》编写背景、适用范围以及引用的相关标准规范；第 4 章术语与基本概念，对"地下水功能""地下水的资源功能""地下水的生态功能""地下水的地质环境功能"这 4 个名词进行解释；第 5 章地下水功能评价的意义强调了地下水功能评价工作的重要性。第 6～第 13 章为地下水功能评价与区划工作中的重点内容，主要包括评价对象、类型与模式，主要工作内容与流程、评价分级与标准，所需基础资料及要求、评价步骤、功能评价与要求等 7 个方面。

地下水功能评价的对象应该是一个完整的流域尺度地下水循环系统，其中包括驱动因子群（指驱动地下水系统变化的影响因子，如降水量变化等）、状态因子群（描述地下水系统状态的因子，如地下水水位等）和响应因子群（由于地下水系统状态变化而引起水资源供给能力和环境等方面变化的因子），它们组成地下水功能的"驱动力-状态-响应"（DSR）体系。

评价类型有两种，分别是：①目标功能评价，即选择地下水系统中某一功能作为研究目标（对象），系统地表征它在流域尺度地下水循环系统各区带的状况和分布特征，集中反映地下水某一功能的区位特征；②主导功能评价，即将所有地下水功能都作为研究目标（对象），综合反映流域尺度地下水循环系统各区带优势功能和脆弱功能的区位特征。

地下水功能评价体系由系统 A 层、功能 B 层、属性 C 层和要素指标 D 层构成。在应用中，A、B 和 C 层保持不变，D 层可根据工作区研究程度和资料实际情况，适度增减。D 层指标偏多，增加评价工作量；D 层指标偏少，影响评价结果的可靠性。地下水功能评价体系如图 D.1 所示。

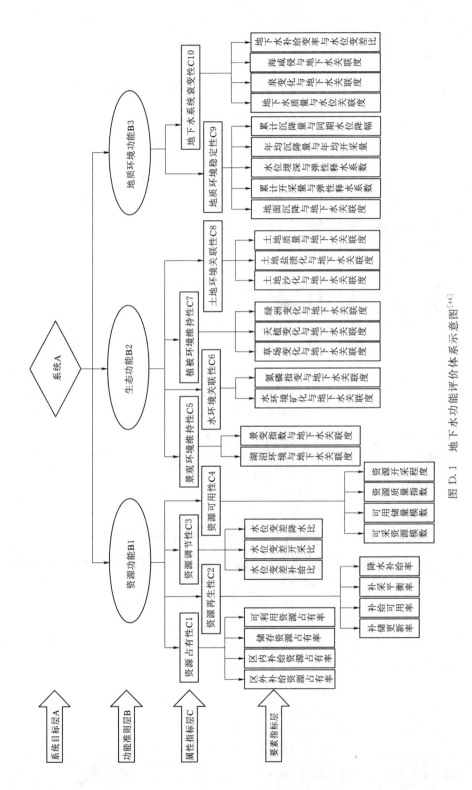

图 D.1　地下水功能评价体系示意图[44]

附录 E 国外若干研究案例

E.1 地下水——一个全球关注的"当地资源"*

在 20 世纪，由于城市供水和灌溉农业的大规模发展以及许多地下水补给区土地利用方式的根本变化，人类活动对地下水系统的影响越来越大，进而引发了人们对地下水资源可持续利用、水质退化及生态退化问题的关注。鉴于地下水广泛分布、难以汇流、监测投资不足以及无法直接对地下水状况进行全球定量评估等问题，如何确定适当的治理规定并将这些规定合理实施仍然是一大难题。

GW-MATE（Groundwater Management Advisory Team）计划（2001—2011 年世界银行与全球水资源伙伴关系）得出的主要观点是地下水资源管理中的问题主要是治理条款不足以及执行能力较差。大多数国家在地下水资源管理方面有明确的法律规定，但执行这些规定的机构较少，工作人员业务能力不足，这是多数国家亟须解决的问题。此外，地下水污染治理方面还存在调查和监测不充分、水利部门和土地使用管理部门合作不协调等问题。

针对地下水系统的特征以及目前地下水治理方面存在的问题提出以下建议：

1. 国家政府对地下水管理提供合理的政策支持

在广泛的地域调查基础上，GW-MATE 与公共行政部门等就地下水管理和保护进行合作并得出结论，国家政府的关键作用是：

（1）确保授权一个地区/流域办事处（或省级政府机构）的特定国家机构进行地下水治理（具有明确的责任、权力、财政、能力和责任），并与地表水管理部门密切合作。

（2）为地下水管理规划提供一个框架，包括根据社会经济和生态重要性确定优先含水层、对资源和质量状况/风险评估、确定管理措施和审查其有效性，从而确保国家和地区之间的"垂直一体化"。

（3）就农业生产、城市供水、能源定价和土地利用方面的地下水可持续性利用问题进行有效探讨，促进政策一体化。

2. 保证地下水治理改革的落实与实施

加强管理部门对地下水脆弱性及不可再生性的认识，提高水井取水许可证、废物处理许可证以及地下水资源和水质状况等相关数据的信息透明度，防止违法开采地下水的

---

* 本节内容参考文献《地下水——一个全球关注的"当地资源"》[121]。

行为。在灌溉农业用水需求密集的地区，由于各个地区的水文地质条件、社会经济环境以及用水方式的差异性，管理政策需要因地制宜，适时调整，不能实行"一刀切"的地下水资源管理办法。此外，由于地下水系统在受到污染后有持续演变性、不确定性、扩散迅速性等特征，难以治理，所以应在地下水开采前确定合理的开发利用方案，防止地下水污染。

3. 在农业灌溉工程中合理使用地下水

在灌溉用水主要为地下水的地区，主要管理问题为平衡耗水量与生产力的关系。目前公共行政部门应对地下水枯竭的方式主要是加强含水层的补给与提高灌溉技术，虽然对地下水管理有一定的积极影响，但这两种方式在政策制定和实践方面有很大的局限性。含水层管理计划应集中于解决耗水量与生产力的平衡问题，减少耗水量的同时提高用水生产力以稳定农民收入，防止需求侧和供给侧失衡。

在地下水与地表水联合使用的地区，问题集中在对地下水及地表水的联合管理方面。这些地区 30％～60％ 的灌溉供水来自地下水，当地表水供水能力不足时，便会导致私人水井钻井激增，这种无计划、无管制、无管理的地下水使用可能导致地下水位急剧下降，造成土地盐渍化、主要供水点水位下降和农业生产力下降等问题。在这种情况下，必须实行地表水-地下水联合管理，应保证地下水水位处于合理范围内，防止土壤的涝渍和盐碱化的发生；在不影响地下水可持续性利用情况下，通过提高种植强度和生产力来增加农业生产。但是在联合管理中存在社会政治阻力、制度责任割裂等较大障碍。

4. 地下水补给、水质管理与农业用地的环境管理相结合

农业种植通过控制肥料和农药的应用、选择合适农作物、收集和处置牲畜粪便作为肥料等方式有效减少了对地下水的污染，但是仍不能达到地下水水质指标要求，在某些情况下，还需要采取更严格的土地使用规定。例如，在对农田所有者提供一定经济补偿的基础上，将地下水补给区的农田转化为林地或草地。

5. 将地下水管理纳入城市基础设施和环境管理

地下水规划是城市建设中的重要方面，特别是在水井开采密集或将大规模调水地区，在管理过程中应注意以下方面：

（1）自来水公司地下水源的保护和可持续部署。

（2）推进自来水公司地下水源的联合管理。

（3）规范城市地区私人用水。

（4）综合处理城市供水和环境卫生问题。

（5）明确减少工业污染对城市地下水威胁的实用方法。

城市地下水管理计划应与其他部门合作进行，包括与政府、机构、市政土地利用行政部门等的有效协调。计划的实施必须分阶段进行，通过某种形式的"永久协商机制"保证各个部门的协商合作，在进行管理时加强机构安排和联系，保证资金充足，改善地下水利用和含水层反应监测，有效开展宣传运动和促进能力建设。

E.2 参照印度次大陆管理全球跨界含水层的重要性[*]

跨界含水层（TBA）是指跨越了人为的政治边界，由两个或两个以上国家共享的地下水含水层、河流和湖泊等。跨界含水层在有效供水方面发挥了决定性作用，特别是在饮用和灌溉方面。在全球淡水资源中，有 60%处于国际共享边界内，但是大约只有40%由流域协议管理。由于气候变化、人口增加、人为污染等原因，水资源一直面临着被污染的风险，因此对跨界含水层进行有效管理迫在眉睫。本文总结了有关跨界含水层的一些研究成果，研究结果见表 E.1。

表 E.1 与跨界含水层相关的研究结果

从事本研究的研究人员名称	年份	地区	采用/开发的方法	结果/建议
Skoulikas,Zafirakou	2019	欧盟	河流水体生态状况与其化学状况的耦合	与水质和水量有关的问题可以通过使用固定统一的数据集来解决
Zeng 等	2019	中国华北地区	混合博弈论与数学规划模型（HGT－MPM）	通过上游和下游的双边协商可初步确定水体权利
Dasilva，Hussein	2019	南美洲	历史分析法	评估水缘政治的有效方法是生产规模
Hassen 等	2019	突尼斯中部和阿尔及利亚	三维水文地质模型	观测井的观测地下水位与计算地下水位之间的关系
Alkhatib 等	2019	约旦	地下水模型	在盆地最适合实施"安全产量替代方案"
Nijsten 等	2018	非洲	全球用水模型和问卷调查	在迄今为止确定的 72 个 TBAs 中，只有 38 个地区满足了地下水质量标准
Sanchez 等	2018	墨西哥和美国得克萨斯州	跨边界法	据报告，$180000km^2$ 的区域中有 50%～60%的含水层具有良好的潜力和水质，而 25%被认为具有较差的潜力和水质
Vizintin 等	2018	斯洛文尼亚/意大利	水文数值模型	污染通过喀斯特含水层迅速扩散，并通过颗粒间孔隙稳步扩散
Kattan	2018	叙利亚共和国	水化学和环境同位素	含水层中地下水的当前年龄和可再生性分别由 13C 和 14C 放射性同位素确定
Rahman 等	2016	南亚	SWAT	湿地水量不足是由于当地地下水的入渗补给较少
Central Ground Water Board	2016	德里，哈里亚纳邦，联合国	GIS	沿着穿过该地区西北部的西亚穆纳运河，已发现了潜在的含水层带

---

* 本节内容参考文献《参照印度次大陆管理全球跨界含水层的重要性》[122]。

续表

从事本研究的研究人员名称	年份	地区	采用/开发的方法	结果/建议
Sanchez 等	2016	美国/墨西哥	分析法	含水层的评估大纲是改进边界地区地下水管理的一种手段
Halder 等	2013	印-孟恒河流域	水治理计划	地表水水量不足以满足灌溉需求
Wada，Heinrich	2013	全球	AQUASTAT	由于人为过度开发导致了世界上 8% 的含水层处于超采状态
Altchenko，Villholth	2013	非洲	协调法和含水层绘图	TBAs 确定了 42% 的大陆地区和 30% 的人口
Alley	2013	美国/墨西哥	水文模型	含水层系统补给的主要来源是城市地区被地表水排污染的水流
Gunawardh-ana 等	2011	日本	Hadley 中心的气候模型	预计 2080 年地下水补给将减少 1%~26%
Kourakos，Mantoglou	2011	半干旱地区	SEAWAT	权衡曲线表明，由于气候变化，地下水的补给减少，经济成本上升
Megdal，Scott	2011	美国-墨西哥边境	双边合作框架	需要做出巨大努力去查明和适应法律和监管框架中的不平等现象
Cooley 等	2009	全球	综合法	总结了气候变化对跨界水协议造成的风险
Feitelson，Fischhendler	2009	以色列	概念模型	取得成效后进行初步资助对后续的发展至关重要
Chadha	2008	印度河流域	岩性法	印度河流域干旱区水紧缺情况的加剧
Chermak 等	2005	全球	合作、非合作和短期合作	对含水层的管理首先采用合作解决方案，其次为非合作和短期方案
Puri	2002	全球	多学科方法	为了更好地了解水文地质情况，需要提供经济、环境、法律和制度等方面的支持
Wolf	1999	全球	划定水资源分配的一般原则	阐述了水资源共享的实例，并比较了公平用水的原则和政策
Utton	1978	美国	法律制度和管理机制	建议使用合理的法律规则和管理机制来实现地下水储备

注　表中内容源自参考文献 [122]。

　　21 世纪以来，水资源管理是全球议程中的一个主要组成部分，在水资源的管理方面，最突出的问题是如何规划和协助机构公平共享全球水资源。在解决与含水层有关的各种问题时，需要制定有效的管理计划，对含水层进行评价是含水层管理的前提，较全面的含水层数据是含水层管理的必要条件。管理 TBA 时需要考虑的主要方面见表 E.2。

表 E.2　　　　　　　　　　　　跨界含水层管理的指标组成

科　学	机　构	法　律	社会经济	环　境
为概念模型的发展提供方向	提供与法律框架相关的方向	为联合管理提供与权限和权利相关的方向	为农业环境的人口统计、土地利用、当前和预测需求提供指导	为水文、生物多样性、气候变化和伦理问题提供方向

注　表中内容源自参考文献［122］。

　　水资源管理实际上是以水文流域为单位进行的。一般而言，管理与过度开采含水层有关的问题有以下三种方法。一是通过执行和完成相关地下水立法来预防过度利用和过度开发地下水；二是在已经发生过度开发的地区采取补救措施，一般采用到人工补给；三是需要对地表水和地下水资源进行统一管理，通过增加地表水的开发利用，限制或减少地下水开采。

　　在关于世界水资源危机的讨论中，都柏林会议（1992 年）提出的保障市场对水资源管理的干预有关方法引起了人们的关注。如果由于喜马拉雅山脉的冰川恢复而导致气候变化，则迫切需要管理跨界含水层。因此，跨界含水层的管理会直接或间接地促进经济发展、国际贸易、水资源和政治安全以及减轻贫困等。成功管理跨界含水层需要各个国家之间建立合作共识和监测方案，加强与跨界含水层有关的水文知识、法律法规、管理技能等方面的学习，进一步缩小区域、国家和全球在基础数据和技术方面的差距，以改善国家和各国之间的合作。

附录 F 地下水管控水位划分方法对比

名称	原理	研究方法	计算函数	代表性方法	优点	缺点	适用条件	所需资料
水量均衡法	水量均衡	均衡区各含水层中地下水在均衡期内的补给量与排泄量的差为地下水系统蓄变量	$Q_补 - Q_排 = -\mu F \dfrac{\Delta h}{\Delta t}$ 式中：$Q_补$ 为均衡期内地下水系统各种补给量的总和，m³；$Q_排$ 为均衡期内地下水系统各种排泄量总和，m³；μ 为水位变动带给水度；F 为均衡区面积，km²；Δh 为水位变幅，m；Δt 为均衡期，a	补给量法、排泄量法、补排量法	理论上适用于任何地下水系统，特别适合水文地质条件复杂、其他方法难于进行的地区；在进行计算时，可确定枯水年的最大水位埋深	不能反映出评价区内由于水文地质条件变化或者开采强度所产生的局部水位变化，精度较低	水文地质条件复杂、水文地质结构和有关参数不确定、计算参数已知的地区	均衡区各项均衡要素水量均衡
抽水实验法	实际实验	从抽水开始到水位恢复进行全面监测，并利用水位观测资料，确定 Q-S 曲线类型，对比曲线形态推导出经验公式	如直线型：$Q = q_n S$ 式中：Q 为推算设计出水量，t/d；q_n 为单位出水量，t/(d·m)；S 为水位降深，m	开采抽水法、含层疏干法、外推法	结果最为直观、准确、可靠	需要花费较多人力、物力	水文地质条件比较复杂，一时难以查清补给条件和水文地质参数的地区	抽水实验记录结果
数值模型法	地下水动力学	对真实系统的仿真和模拟，将系统连续函数在时间空间上离散化，并求该函数在有限个离散点上的近似值	如非均质、各向异性承压水运动的基本微分方程： $$\frac{\partial}{\partial x}\left[K_{xx}\frac{\partial H}{\partial x}\right] + \frac{\partial}{\partial y}\left[K_{yy}\frac{\partial H}{\partial y}\right] + \frac{\partial}{\partial z}\left[K_{zz}\frac{\partial H}{\partial z}\right] = \mu_s\frac{\partial H}{\partial t}$$ 式中：K_{xx}、K_{yy}、K_{zz} 为 x、y、z 方向上的含水层渗透系数，m/d；H 为水位标高，m；μ_s 为弹性贮水率，m⁻¹。	有限差分法、有限单元法、边界元法、特征线法	能描述不规则形状的区域以及含水层的非均质、各向异性和复杂的边界条件；可以处理大气降水入渗等各种补给、各种抽水、排水、溶质交换和蒸发在时空分布上的变化	需要大量的各类资料、对研究者的素质要求较高；耗时长、成本较高	水文地质条件复杂，但结构和参数以及地下水开发利用资料较为明确和丰富的地区	水文地质结构和参数；给定边界条件；初始条件；一个水文年以上的水位动态观测资料

续表

名称	原理	计算函数	研究方法	代表性方法	优点	缺点	适用条件	所需资料
解析法	地下水动力学	如承压含水层裘布依稳定井流: $$S_w = \frac{Q}{2\pi KM}\ln\frac{R}{r_w}$$ 式中: S_w 为抽水井水位降深, m; Q 为抽水井流量, m³/d; K 为含水层渗透系数, m/d; M 为承压含水层厚度, m; R 为影响半径, m; r_w 为抽水井半径, m	通过对介质条件、边界条件和取水条件的假设, 设置统一的假设条件, 通过严谨的公式推导获得开采井开采量与水位之间的关系式	干扰井群法 开采强度法 大井法	进行水量及水位降深计算及经验公论公式式较多; 可以求出任意时刻, 任意位置补给或排泄水量为随意值, 计算下采位置水量的变化情况	应用条件苛刻, 对于复杂条件, 无法建立起对应的解析公式; 当应用于实际条件时, 往往进行简化处理, 计算结果为近似值, 与实际值不能完全一致	适用于满足裘布依假设、裘布设等理想条件下的地区	水文地质结构参数、给定参数和给定边界条件、初始条件; 一个水文年以上的水文水位和动态观测资料
统计分析法	数理统计	如多元线性回归方程: $$y = a + b_1x_1 + b_2x_2 + \cdots + b_nx_n + \epsilon$$ 如 Pearson 相关系数: $$r_p = \frac{\sum_{k=1}^{N}(x_{ik}-\bar{x}_i)(x_{jk}-\bar{x}_j)}{\sqrt{\sum_{k=1}^{N}(x_{ik}-\bar{x}_i)^2\sum_{k=1}^{N}(x_{jk}-\bar{x}_j)^2}}$$ 式中: $\bar{x}_i$, $\bar{x}_j$ 为 x_{ik}, x_{jk} 的平均值; N 为样本个数	在分析不同因素与地下水位的相关性的基础上, 选择有较强相关性的要素建立回归方程或黑箱模型, 建立开采量等因素与水位变化的关系	回归分析法 时间序列分析法 BP神经网络法	不受含水层结构和复杂边界条件的限制, 计算过程便捷、方法简单, 能直观反映地下水位变化规律	无法描述各项参数的物理意义, 对影响评价结果的因素作用机理无法近似刻画, 求数据满足近似整体性和相互独立性	水文地质勘察程度不高, 但积累了较丰富的多年动态监测资料的地区	地下水开采量、水位, 气象、河川径流量等多年动态观测资料
含水层厚度比例法	数值计算		依据水位总降深值与含水层总厚度比例大小确定研究区地下水管理控制水位		对资料要求较低	精度较低	资料缺乏、含水层厚度已知、开发浅层地下水的地区	含水层厚度、水位降深值资料
比拟法	类比分析		通过对比分析两个比拟地区的水文地质条件、工程地质条件、地质地貌等, 确定研究区地下水管理控制水位		对资料要求较低	适用范围有限, 精度不高, 只能获得近似结果	研究区相关资料极少且具有水文地质条件很相似地区的临近地区	相关地区的地质、水文地质资料

注 表中内容引自参考文献 [4]、[123]。

参 考 文 献

［1］ 党志国. 国外地下水问题及其管理与研究动向［J］. 环境科学动态，1985（8）：1－6.

［2］ 陶莉. 馆陶县地下水超采管理控制水位及治理效果评价研究［D］. 邯郸：河北工程大学，2018.

［3］ 孙思宇. 吉林市区地下水水位、水量双重指标控制管理方案研究［D］. 长春：吉林大学，2018.

［4］ 胡浩东. 不同类型区地下水管理控制水位划定方法研究［D］. 郑州：郑州大学，2020.

［5］ 金海，胡文俊，夏志然. 国外地下水管理经验及启示［J］. 中国水利，2021（7）：24－28.

［6］ Lee C H. The determination of safe yield of underground reservoirs of the closed－basin type［J］. Transactions，American Society of Civil Engineers，L XXⅧ，1915，1315：148－218.

［7］ Meinzer O E. Outline of ground－water hydrology, with definitions：US Geol［J］. Survey Water－Supply Paper，1923，494（71）：1923b.

［8］ Theis C V. The source of water derived from wells, essential factors controlling the response of an aquifer to development：US Geological Survey Water Resources Division［J］. Ground Water Branch，Ground Water Notes，1940（34）：16.

［9］ Conkling H. Utilization of ground－water storage in stream system development［J］. Transactions of the American Society of Civil Engineers，1946，111（1）：275－305.

［10］ Banks H O. Utilization of underground storage reservoirs［J］. Transactions of the American Society of Civil Engineers，1953，118（1）：220－234.

［11］ 王金生，王长申，滕彦国. 地下水可持续开采量评价方法综述［J］. 水利学报，2006，37（5）：525－533.

［12］ Sophocleous M. From safe yield to sustainable development of water resources－the Kansas experience［J］. Journal of Hydrology，2000，235：27－43.

［13］ Imaizumi M，Ishida S，Tuchihara T. Long－term evaluation of the groundwater recharge function of paddy fields accompanying urbanization in the Nobi Plain, Japan［J］. Paddy and Water Environment，2006，4（4）：251－263.

［14］ Valiente N，Gil－Márquez J M，et al. Unraveling groundwater functioning and nitrate attenuation in evaporitic karst systems from southern Spain：An isotopic approach［J］. Applied Geochemistry，2020.

［15］ 杨杰. 天津市地下水功能评价及调控方案研究［D］. 郑州：华北水利水电大学，2016.

［16］ 李秀明. 基于 ArcGIS 的下辽河平原地下水功能评价［D］. 大连：辽宁师范大学，2013.

［17］ 水利部水资源水文司. 水资源评价导则：SL/T 238—1999［S］. 北京：中国水利水电出版社，1999.

［18］ 杜超，白晓民，金雷，等. 鸡东县水资源评价与规划［J］. 地下水，2007，5（29）：4－7.

［19］ 辽宁省水利厅. 辽宁省水资源［M］. 沈阳：辽宁科学技术出版社，2006.

［20］ 王西琴，张艳会，张远. 辽河流域地下水超采的生态环境效应及治理对策研究［J］. 环境科学与管理，2006，5（28）：84－85.

［21］ 张长春，邵景力，李慈君. 地下水位生态环境效应及生态环境指标［J］. 水文地质工程地质，

2003（3）：6－10.

[22] 郑丹，李卫红，陈亚鹏，等. 干旱区地下水与天然植被关系研究综述 [J]. 资源科学，2005，4（27）：160－167.

[23] 彭轩明，吴青柏，田明中. 黄河源区地下水位下降对生态环境的影响 [J]. 冰川冻土，2003，6（25）：667－671.

[24] 庄丽，陈亚宁，李卫红. 塔里木河下游柽柳 ABA 累积对地下水位和土壤盐分的响应 [J]. 生态学报，2007，10（27）：4248－4251.

[25] 文佩仙. 太原市兰村泉域地下水位下降的成因及防范措施 [J]. 山西水利科技，2002（1）：19－21.

[26] 潘云，潘建刚，宫辉力，等. 天津市区地下水开采与地面沉降关系研究 [J]. 地球与环境，2002，2（34）：36－39.

[27] 薛禹群，张云，叶淑君，等. 我国地面沉降若干问题研究 [J]. 高校地质学报，2006，2（12）：153－160.

[28] 中国地质调查局. 全国地下水资源及其环境问题调查评价技术要求系列 [Z]. 北京：中国地质调查局水文地质环境地质调查中心，2004.

[29] Gorelick S M. A review of distributed groundwater management modeling methods [J]. Water Resources Research，1983，19（2）：305－319.

[30] 唐克旺，杜强. 地下水功能区划分浅谈 [J]. 水资源保护，2004（5）：16－19.

[31] 张光辉，申建梅，聂振龙，等. 区域地下水功能及可持续利用性评价理论与方法 [J]. 水文地质工程地质，2006（4）：62－66，71.

[32] 闫成云，聂振龙，张光辉，等. 疏勒河流域中下游盆地地下水功能评价 [J]. 水文地质工程地质，2007（3）：41－45，50.

[33] 张光辉，严明疆，杨丽芝，等. 地下水可持续开采量与地下水功能评价的关系 [J]. 地质通报，2008，6（27）：875－881.

[34] 王金哲，张光辉，申建梅，等. 地下水功能评价指标标准化过程中的异常数据识别及处理 [J]. 南水北调与水利科技，2007，5（5）：94－96.

[35] 张光辉，杨丽芝，聂振龙，等. 华北平原地下水的功能特征与功能评价 [J]. 资源科学，2009，31（3）：368－374.

[36] 聂振龙，张光辉，申建梅，等. 西北内陆盆地地下水功能特征及地下水可持续利用 [J]. 干旱区资源与环境，2012，26（1）：63－66.

[37] 范伟，肖长来，熊启华，等. 吉林省平原区地下水功能可持续性评价 [J]. 水资源保护，2009，25（3）：14－17.

[38] 王金哲，张光辉，严明疆，等. 干旱区地下水功能评价与区划体系指标权重解析 [J]. 农业工程学报，2020，36（22）：133－143.

[39] Zaporozec A. GROLUNDWATER ZONING IN WATER RESOURCES MANAGEMENT [J]. JAWRA Journal of the American Water Resources Association，1972，8（6）：1137－1143.

[40] Pooteh Rigi M，Shafiee P，Fatehi S M. Assessment and Zoning of Groundwater Quality in Shiraz Plain Using GIS [J]. Asian Journal of Water，Environment and Pollution，2019，16（4）：87－96.

[41] 谈梦月. 基于 GIS 的晋江市浅层地下水功能区划研究 [D]. 南京：南京师范大学，2013.

[42] 焦振寰. 昌平区水功能区划分及污染承载水平研究 [D]. 北京：北京化工大学，2015.

[43] 中华人民共和国水利部. 地下水功能区划分技术大纲 [R]. 北京：中华人民共和国水利部，2005.

［44］ 中华人民共和国国土资源部. 地下水功能评价与区划技术要求［R］. 北京：中华人民共和国国土资源部，2006.

［45］ 王金哲，张光辉，崔浩浩，等. 适宜西北内陆区地下水功能区划的体系指标属性与应用［J］. 水利学报，2020，51（7）：796-804.

［46］ 吕红，杜占德，王健. 山东省地下水功能区划初探［J］. 水文，2007（3）：75-77.

［47］ 唐克旺，唐蕴，李原园，等. 地下水功能区划体系及其应用［J］. 水利学报，2012，43（11）：1349-1356.

［48］ 孙晋炜，刘培斌，李国敏. 地下水功能区划方法研究［J］. 人民黄河，2014，36（4）：44-46.

［49］ 朱亮，杨明楠，康卫东，等. 神木县地下水功能区划研究［J］. 人民黄河，2017，39（10）：70-74，79.

［50］ 刘谋，康卫东，周杰. 基于 MapGIS 的府谷县浅层地下水功能区划分［J］. 山东化工，2020，49（24）：247-249，251.

［51］ 闫成云，聂振龙，张光辉，等. 疏勒河流域中下游盆地地下水功能区划［J］. 水文地质工程地质，2007（4）：79-83.

［52］ 曹阳，滕彦国，王金生，等. 泉州市地下水功能区划分［J］. 地球学报，2011，32（4）：469-476.

［53］ 刘渊. 基于 GIS 与层次分析法的昆明市浅层地下水功能区划研究［D］. 北京：中国地质大学（北京），2018.

［54］ 罗育池，靳孟贵，汪永红，等. 地表水与地下水污染物总量联合控制应用研究［J］. 人民黄河，2012，34（10）：66-68，71.

［55］ 李发文，彭海波，李曼曼. 天津市地下水功能评价与区划研究［J］. 安全与环境学报，2013，13（3）：111-115.

［56］ 袁月. 吐鲁番盆地地下水功能区划分析［D］. 北京：中国地质大学（北京），2020.

［57］ 李玉喜. 基于 GIS 的平潭岛浅层地下水功能区划研究［D］. 济南：济南大学，2020.

［58］ Tyree M T, Cochard H, Cruiziat P. Use of positive pressures to establish vulnerability curves: further support for the air-seeding hypothesis and implications for pressure-volume analysis［J］. Plant physiology, 1992, 100（1）：205-209.

［59］ Prathapar S A, Qureshi A S. Modelling the Effects of Deficit Irrigation on Soil Salinity, Depth to Water Table and Transpiration in Semi-arid Zones with Monsoonal Rains［J］. International Journal of Water Resources Development, 1999, 15（1-2）：141-159.

［60］ Horton J L, Kolb T E, Hart S C. Physiological Response to Groundwater Depth Varies among Species and with River Flow Regulation［J］. Ecological Applications, 2001, 11（4）：1046-1059.

［61］ Kahlown M A, Ashraf M, Zia-ul-Haq. Effect of shallow groundwater table on crop water requirements and crop yields［J］. Agricultural Water Management, 2005, 76（1）：24-35.

［62］ Eamus D, Froend R, Loomes R, et al. A funtional methodology for determining the groundwater regime needed to maintain the health of groundwater dependert vegetation［J］. Australian Journal of Botany, 2006, 54（2）：97-114.

［63］ Lubczynski M W. The hydrogeological role of trees in water-limited environments［J］. Hydrogeology Journal, 2009, 17（1）：247-259.

［64］ Thorburn P J, Walker G R, Woods P H. Comparison of diffuse discharge from shallow water tables in soils and salt flats［J］. Journal of Hydrology, 1992, 136（4）：22-1694.

［65］ Ali R, Elliott R L, Ayars J E, et al. Soil salinity modeling over shallow water tables. Ⅱ: Application of LEACHC [J]. Journal of irrigation and drainage engineering, 2000, 126 (4): 234 - 242.

[66] Benyamini Y, Mirlas V, Marish S, et al. A survey of soil salinity and groundwater level control systems in irrigated fields in the Jezre'el Valley, Israel [J]. Agricultural Water Management, 2005, 76 (3): 181 - 194.

[67] Thierry P, Prunier - Leparmentier A M, Lembezat C, et al. 3D geological modelling at urban scale and mapping of ground movement susceptibility from gypsum dissolution: The Paris example (France) [J]. Engineering Geology, 2009, 105 (1 - 2): 51 - 64.

[68] 袁长极. 地下水临界深度的确定 [J]. 水利学报, 1964 (3): 50 - 53.

[69] 张惠昌. 干旱区地下水生态平衡埋深 [J]. 勘察科学技术, 1992 (6): 9 - 13.

[70] 郭占荣, 刘花台. 西北内陆灌区土壤次生盐渍化与地下水动态调控 [J]. 农业环境保护, 2002 (1): 45 - 48.

[71] 方樟, 谢新民, 马喆, 等. 河南省安阳市平原区地下水控制性管理水位研究 [J]. 水利学报, 2014, 45 (10): 1205 - 1213.

[72] 金晓媚, 胡光成, 史晓杰. 银川平原土壤盐渍化与植被发育和地下水埋深关系 [J]. 现代地质, 2009, 23 (1): 23 - 27.

[73] 龚亚兵. 河套盆地地下水数值模拟及盐碱化水位控制研究 [D]. 北京: 中国地质大学 (北京), 2015.

[74] 李平平, 王晓丹, 陈海龙. 甘肃苏干湖湿地土壤盐渍化、地下水位埋深及其对生态环境的影响 [J]. 矿产勘查, 2020, 11 (11): 2555 - 2560.

[75] 崔亚莉, 邵景力, 韩双平. 西北地区地下水的地质生态环境调节作用研究 [J]. 地缘, 2001 (1): 191 - 196.

[76] 樊自立, 马英杰, 艾力西尔·库尔班, 等. 试论中国荒漠区人工绿洲生态系统的形成演变和可持续发展 [J]. 中国沙漠, 2004, 24 (1): 10 - 16.

[77] 贾利民, 焦瑞, 廖梓龙, 等. 干旱牧区草地植被生态质量现状及需水研究 [J]. 中国农村水利水电, 2013 (6): 49 - 52, 56.

[78] 姜晨光, 于雪鹏, 蔡伟, 等. 城市地面沉降与地下水位变化关系的数学模拟 [J]. 中国煤田地质, 2004, 16 (1): 29 - 31.

[79] 白永辉, 张丽. 河北省沧州市地质灾害与地下水关系研究 [J]. 中国地质灾害与防治学报, 2005 (3): 71 - 73, 78.

[80] 孙晓林. 滹沱河冲洪积扇地下水数值模拟及其适宜水位控制研究 [D]. 北京: 中国地质大学 (北京), 2012.

[81] 史人宇. 地下水严格管理示范性建设技术研究 [D]. 北京: 中国地质大学 (北京), 2013.

[82] 姜媛, 田芳, 罗勇, 等. 北京典型地区分层地面沉降与地下水位变化关系 [J]. 南水北调与水利科技, 2015, 13 (1): 95 - 99.

[83] 黄健民, 邓雄文, 胡让全. 广州金沙洲岩溶区地下水位变化与地面塌陷及地面沉降关系探讨 [J]. 中国地质, 2015, 42 (1): 300 - 307.

[84] 郭海朋, 白晋斌, 张有全, 等. 华北平原典型地段地面沉降演化特征与机理研究 [J]. 中国地质, 2017, 44 (6): 1115 - 1127.

[85] 李忠国, 束龙仓, 荆艳东. 人工神经网络法在确定海水入侵区开采量阈值中的应用 [J]. 东北水利水电, 2005, 23 (4): 12 - 13.

[86] 于璐, 窦明, 赵辉, 等. 海水入侵区地下水管理控制水位划定方法研究 [J]. 水电能源科学, 2015, 33 (12): 143 - 147.

[87] 新疆吐鲁番水文水资源勘测局. 吐鲁番盆地地表水资源评价 [R]. 2012.

[88] 齐矗华，孙虎，刘铁辉. 新疆吐鲁番盆地地貌结构特征 [J]. 干旱区地理，1987 (2)：1-8.

[89] 魏芳菲. 基于遥感方法的吐鲁番地区农业节水潜力估算与分析 [D]. 南昌：南昌大学，2009.

[90] 吐鲁番统计局. 吐鲁番统计年鉴 2018 [R]. 北京：中国统计出版社，2018.

[91] 日本国际协力机构. 中华人民共和国新疆吐鲁番盆地地下水资源可持续利用研究项目 [R]. 2006.

[92] 吐鲁番水文水资源勘测局. 新疆吐鲁番市地下水资源评价 [R]. 2012.

[93] 吐鲁番水文水资源勘测局. 新疆鄯善县地下水资源评价 [R]. 2012.

[94] 吐鲁番市水利局. 吐鲁番地区水资源概况及开发利用现状 [R]. 2013.

[95] 中国水利水电科学研究院. 艾丁湖流域生态保护治理规划 [R]. 2014.

[96] 新疆农业大学，新疆维吾尔自治区水文水资源局，等. 新疆地下水资源调查与评价 [R]. 2004.

[97] 吐鲁番市人民政府. 吐鲁番市水资源综合规划（报批稿）[R]. 2013.

[98] 吐鲁番市人民政府. 鄯善县水资源综合规划 [R]. 2012.

[99] 新疆维吾尔自治区水文水资源局. 新疆吐鲁番地区鄯善县超采区划定报告 [R]. 2006.

[100] 中国水利水电科学研究院. 托克逊县水资源综合规划 [R]. 2013.

[101] 中华人民共和国水利部. 全国水资源综合规划技术细则 [R]. 2002.

[102] 吐鲁番市水利水电勘测设计研究院. 吐鲁番坎儿井保护工程规划 [R]. 2004.

[103] 吐鲁番水文水资源勘测局. 2016 年吐鲁番浅层地下水动态年报 [R]. 2017.

[104] 新疆维吾尔自治区环保局，新疆维吾尔自治区环境监测中心站. 新疆生态功能区划 [R]. 2004.

[105] 湖南省城市规划研究设计院，吐鲁番地区城乡规划设计室. 吐鲁番地区城镇体系规划（2012—2030 年）[R]. 2012.

[106] 张晓，魏青军，刘亮. 吐鲁番盆地地下水与植被的关系研究 [J]. 山东国土资源，2016，32 (7)：42-48.

[107] 热比亚木·买买提. 坎儿井与吐鲁番绿洲生态环境关系研究 [D]. 乌鲁木齐：新疆大学，2014.

[108] 赵恒山，瓦哈甫·哈力克，姚一平. 吐鲁番绿洲水资源利用与生态系统响应关系研究 [J]. 中国农村水利水电，2015 (11)：65-69.

[109] 杨少敏，楚新正，张扬. 近 65 年来吐鲁番市气温降水变化特征分析 [J]. 生态科学，2018，37 (3)：44-50.

[110] 胡腾腾. 吐鲁番市高昌区地下水动力场特征及演变过程研究 [D]. 乌鲁木齐：新疆农业大学，2016.

[111] 王浩，秦大庸，王建华，等. 西北内陆干旱区水资源承载能力研究 [J]. 自然资源学报，2004 (2)：151-159.

[112] 赵焕臣. 层次分析法 [M]. 北京：科学出版社，1986.

[113] 中华人民共和国国家质量监督检验检疫总局，中国国家标准化管理委员会. 地下水质量标准（GB/T 14848—2017）[S]. 北京：中国标准出版社，2017.

[114] 吐鲁番地区水利水电勘测设计研究院. 新疆维吾尔自治区吐鲁番地区坎儿井保护利用发展项目可行性研究报告 [R]. 2005.

[115] 新疆维吾尔自治区人民政府. 新疆维吾尔自治区坎儿井保护条例 [R]. 2006.

[116] 新疆维吾尔自治区水利厅. 新疆地下水超采区划定报告 [R]. 2018.

[117] 吐鲁番市水利局，吐鲁番市水利水电勘测设计研究院. 新疆吐鲁番市地下水超采区治理方案 [R]. 2018.

[118] 吐鲁番市水利水电勘测设计研究院. 吐鲁番市用水总量控制实施方案 [R]. 2018 年.

[119] Staudenmaier LW, Ryley, Carlock, et al. ARZONA GROUNDWATER LAW [EB/OL]. https://www.swlaw.com/search/all/? keywords=ARIZONA% 20GROUNDWATER % 20LAW, 2006 - 09 - 15.

[120] Australian Government 2013, Guidelines for groundwater quality protection in Australia: National Water Quality Management Strategy [M]. Department of Agriculture and Water Resources, Canberra, March. CC BY 3. 0.

[121] Foster S, Chilton J, Nijsten G J, et al. Groundwater—a global focus on the 'local resource' [J]. Current opinion in environmental sustainability, 2013, 5 (6): 685 - 695.

[122] Awasthi A, Rishi M S, Khosla A. Importance of Regulating Transboundary Aquifers in the World with Special Reference to Indian Subcontinent: A Review [J]. Water, Cryosphere, and Climate Change in the Himalayas, 2021: 187 - 202.

[123] 王晓玮. 我国西北超采区地下水水量-水位双控指标确定研究 [D]. 北京: 中国地质大学 (北京), 2017.